「はやぶさ2」が拓く

人類が宇宙資源を活用する日

川口淳一郎

JAXAシニアフェロー
「はやぶさ」プロジェクトマネージャ
「はやぶさ2」アドバイザー

©JAXA

ビジネス社

はじめに

オーストラリアのウーメラ砂漠で回収された「はやぶさ2」のカプセルは無事に相模原のＪＡＸＡに運ばれ、２か所のキャッチャーに、５・４ｇの試料と、10㎜ほどもある小石状の試料が入っていることが確認されました。「はやぶさ2」はリュウグウに2回タッチダウンして、異なる地点でのサンプル採集に成功しています。しかも、２回目はインパクタで作った人工クレーターの周辺に降り、そのサンプルを採集しました。予想以上の成果です。「はやぶさ2」は大成功でした。

初代の「はやぶさ」はもはや微動だにもできなかったので、母船ごと大気圏に再突入せざるをえませんでした。その巨大な火球は、その素晴らしさとは裏腹に、実験機として数々の故障を抱えながらも帰還した満身創痍の姿そのものだったのです。

一方、「はやぶさ2」ではカプセルだけが光跡をひき、大きさとしては小さな火球でしたが、計画通りという表現がまさにふさわしい一筋の光となって帰還しました。

再突入を回避した母船の「はやぶさ2」は、新たなフォローオンミッションへ旅立ちました。「はやぶさ」では果たせなかった第二の運用の実現です。ミッションの完成度をより大きく高めることができた、その証のイベントだったと思います。津田雄一君をはじめとする若返りのプロジェクトは、本当に見事にやり遂げたと、みなさんの努力を讃えたいと思います。

「はやぶさ2」のカプセルから確認されたサンプルは、まるでインスタントコーヒーを思わせる、不思議な感じがします。リュウグウ周辺での観測から、ひょっとしたら、そんな物質ではないか、という見方がありました。しかし、百聞は一見にしかず、です。科学の醍醐味を感じます。

中国の「嫦娥（じょうが）5号」が、1・7kgの試料をもち返ったと報道されています。「はやぶさ2」に設定された帰還すべきサンプルの量が100mg、実際のサンプルの量が5gと聞いて、残念、がっかりと思われるかもしれませんが、そうではありません。

サンプルリターンの意義は、相手の天体が分化されている（簡単にいえば丸い大きな天体）か、否か（小天体）で、解釈を変えて考えなくてはなりません。それに、（相手が分化、未分化にかかわらず）実は、帰還される試料は多くても少なくても、その意義は、あまり変わりません。採取した地点の試料だけしか得られないからです。もし、花こう岩と石灰岩の両方が採取できれば、その意義は決定的に違います。でも、地上で考えるとわかりますが、たまたま訪れた、その1か所の狭い範囲から、この両方を採取することは事実上は困難です。つまり「量」で何かが変わる可能性は低いのです。

分化した天体では、採集した1か所の情報がもつ意義は、さらに低くなります。その場所が、その天体を代表することはなく、かなり特別な1点の情報が提供されるだけだからです。地球をエイリアンがサンプルリターンしたとして、たまたまサハラ砂漠に着陸して帰還したとしたら、どうでしょうか？　その試料が地球を代表することは、ありえないですね。

でも、未分化天体では、事情は違います。とくにラブルパイル型天体では構成材料は非常に均質ですから、1地点からでも、その天体を代表する試料を得ることができるのです。さらに、そんな天体上から、もし多点から、深さの違う2点から試料を帰還させられれば、情報はさらに深まるわけです。「はやぶさ2」のサンプルの意義、そしてミッションをどのように設計したかが、わかっていただけたと思います。

月面上の1地点からの試料で語れることは、限定的なのです。アポロ計画で月面からも ち帰った岩石は、数百kgにもおよびます。しかし、関心は、圧倒的に、「スターダスト」「はやぶさ」「はやぶさ2」のサンプルに寄せられています。それらが、太陽系の創生を紐解く手がかりだからです。どうして、小天体へ？　という疑問にもお答えできたと思います。（「嫦娥5号」の成果の、サンプル以外の解釈、エンジニアリングの解釈については本書の第5章で述べます。非常に重要ですから、ぜひ読んでください。）

今日でこそ、小惑星探査は世界中で行われています。しかし、私たちがワーキンググループとして検討をはじめた1990年代前半では、小惑星に注目した探査計画など世界でも皆無でした。小惑星を探査することはその価値をほとんど認められていなかったのです。私たちが小惑星を目指したのは、他の国が手がけていないことに挑戦しようという気概が出発点でした。そして小惑星は太陽系ができたころの情報をとどめていることから、「探査すべきは小天体だ」という、私たち自身のゴールを見つけたからでもあります。小惑星を調べることで、私たちの地球の起源にも迫る情報を得られることが期待されていました。

思えば、宇宙探査、惑星探査の意義について、理解を得ることはなかなか難しかったと思います。「はやぶさ」を立ち上げることは、エンジニアリングの意義でできました。しかし、「はやぶさ2」を立ち上げようとしたときは、思いもよらず苦心をしました。まだ惑星どころか、月、いや地上だってたくさんの研究課題があるのだから、（巨額をかけて）宇宙探査をするのか？　加えて勝算を問う意見までありました。

あえて、私自身のことばで述べさせていただくなら、「高い塔を建ててみなければ、より広い水平線は見えてこない」です。手近なかぎられた範囲をくまなく調べつくしても、見たこともない世界に触れることはできないのです。

もちろん、相模川（神奈川県）の河原の石一つについてさえ、科学はすべてを解明しているわけではありません。でも、もっとも簡単な疑問、その石はどうやってできたのか——この疑問に対する答えは、そこで永遠に河原を見続けたとしても、決して得られません。この疑問は、驚くべきことに、宇宙、太陽系の始まりを解明しなくてはわからないことなのです。

精密な望遠鏡、電波観測があれば、実際に天体にまで行く必要はないではないか。遠隔探査でよいのではないか。そんなご意見もうかがうことがあります。「はやぶさ」「はやぶさ2」のサンプルが、まさにそれに答えています。「直接探査」のもつ意義とその価値です。

新たな領域に到達してこそ、はじめて得られる成果のもつ意義を、大いに感じてほしいと思います。

そして、このサンプルが語ることは、人類は確実に、新たな太陽系大航海時代を迎えつつあることです。往復の宇宙飛行、そして資源利用と生命の起源を探る探査、大いに夢を広げてほしいものです。

この本には、その手がかりを書かせていただきました。本書では、「はやぶさ」2代にわたる、技術が着想された経緯、プロジェクト立上げにおける苦難、プロジェクト推進上の知られざるエピソード、月を含む宇宙探査と政策、宇宙資源の利用、中国の宇宙探査活動と国際関係におよぼす影響、そして未来の宇宙飛行などについて、お話ししていきます。「はやぶさ2」はどうして大成功できたのか。「嫦娥」の探査、どこが驚異か。お読みいただければと思います。

多くの内容が、おそらく一般の方には、初耳のことでしょうし、おそらく驚きの連続と思います。常識と思っていたことがそうではないと、ご理解いただけると思います。

2021年　1月

著者

第3章

「はやぶさ」2代の技術イノベーション秘話

第4章 宇宙資源を活用する時代の幕開け

第5章 米中の宇宙開発競争、そして世界の情勢

第6章 人類が宇宙で暮らす日

第7章

軽いプレッシャーと自信が日本を変える

※本書ではキーワードに番号を振り、参考となるサイトなどのQRコードを脚注として掲載しました。より詳しい情報を得られますので、ご参考ください。

第1章

小惑星リュウグウの歴史を紐解く

小惑星リュウグウは脅威のスカスカ天体だった！

「はやぶさ2」がリュウグウ近傍に滞在している間、その軌道は、太陽からの光の圧力と、小惑星からの引力の両方が作用して、変化します。「はやぶさ2」はホバリング（停止飛行）をしていました。こう書くと、リュウグウの周りの軌道に載っていないのでは？　と思われるかもしれません。しかし、そうではありません。リュウグウに対しては、放物線軌道だったり、双曲線軌道をとっていて、主として引力に支配されて運動しているわけです。

管制室では、「はやぶさ2」にホバリングを継続させたり、あるいは、小惑星に向かって一定の速度を保って降下させたりしましたが、そのためには「はやぶさ2」の軌道を維持するような運用をしなくてはいけません。その運用結果から、リュウグウからの引力の大きさ、つまりリュウグウの質量（重さ）を推定することができます。

想像できるかと思いますが、天体が小さくて引力が弱いと、光の圧力の影響は非常に大きくなります。しかも、探査機の姿勢によって、光の圧力の影響は大きく変わります。そのため、引力による影響だけを調べるのは、そう簡単ではないのです。

それなら探査機を、小惑星を回る周回軌道に載せれば、その表面をもっと頻度よく観測できるのでは？　と思われるかもしれませんね。でも、実はそう簡単ではありません。

もし、その小惑星が地球と同じくらいの密度の材料でできているとしたら、半径の7倍くらいの距離を飛ぶ軌道の周期は24時間になります。地球での静止軌道と同じです。一方、小惑星表面ぎりぎりを飛ぶと、周期は90分です。ですから、相当無理をして極端な低高度の軌道に載せても、その周期は数時間になってしまいます。しかも日陰に隠れてしまう場合も出てきます。小惑星の密度がもっと小さいと、周期はどんどん長くなっていきます。

しかし、仮にホバリングをさせたとすると、リュウグウでは、7時間あまりで1回転分の観測が完全にできます。つまり、ホバリングさせるほうが効率的なのです。

リュウグウのコマのような形状から読み取れることは？

リュウグウは、イトカワに比べると非常に均整がとれた、コマのような、ソロバン玉のような形状をしていました。コマなので、Ｔｏｐ型と呼ばれているのです。天体の形は、いろんなことを物語ってくれます。

鉛筆のような縦長の天体は、その対称軸周りに、自然に自転していることはありません。たとえ、はじめは任意の対称軸周りに回転していても、やがて横長の軸に垂直な軸へと、回転軸は移動します。扁平な形状でなくては、自転は不安定なのです。初代「はやぶさ」は、イトカワにタッチダウンしたあとで行方不明になりました。ガスが噴出して、宇宙空間で回転していたのです。しかし、このとき奇跡的に通信が回復できたのは、最終的に「はやぶさ」はアンテナの軸回りの安定な回転に入ることが、理論的にわかっていたためです。それで地上から指令を送り続けたところ、「はやぶさ」が反応してビーコン信号を地球に返してきました。イトカワは、ラッコ型とかピーナッツ型といわれますが、横長軸に垂直な軸回りに回転していて安定です。

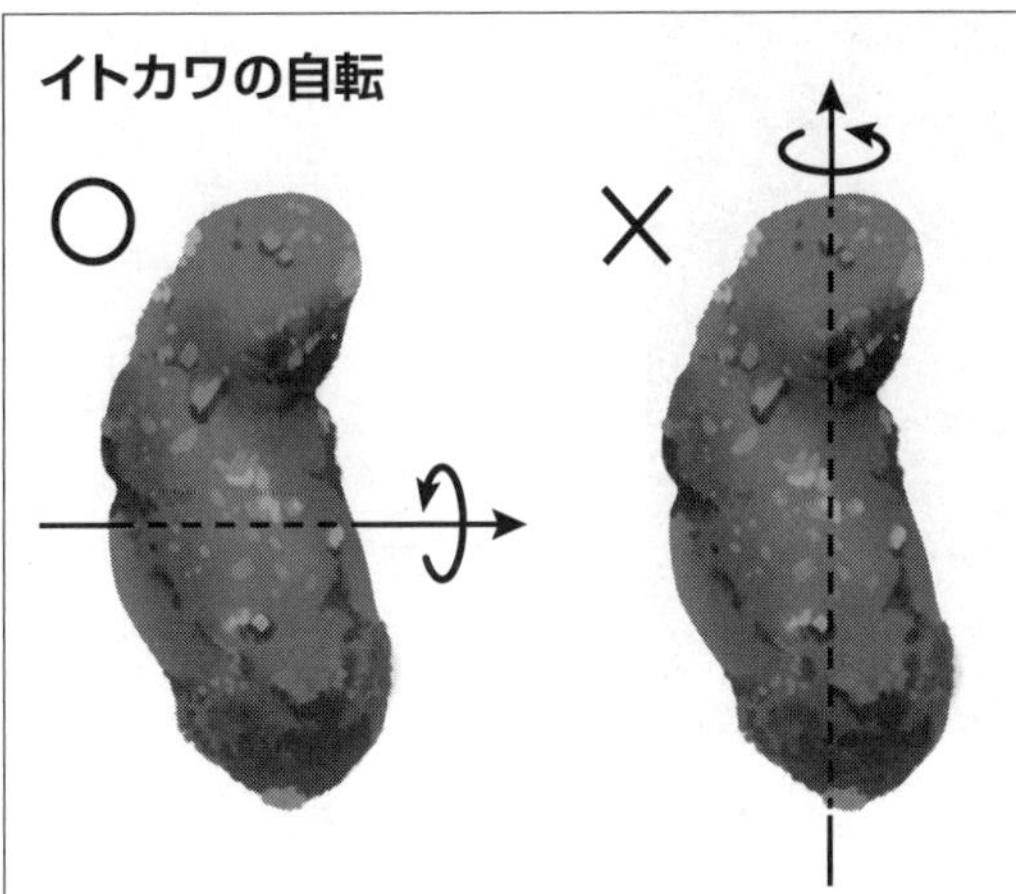

縦長の天体は、対称軸（その軸を中心に回転させたとき、前の形とまったく重なり合うような軸）周りに自転して、そのままとどまることはない。

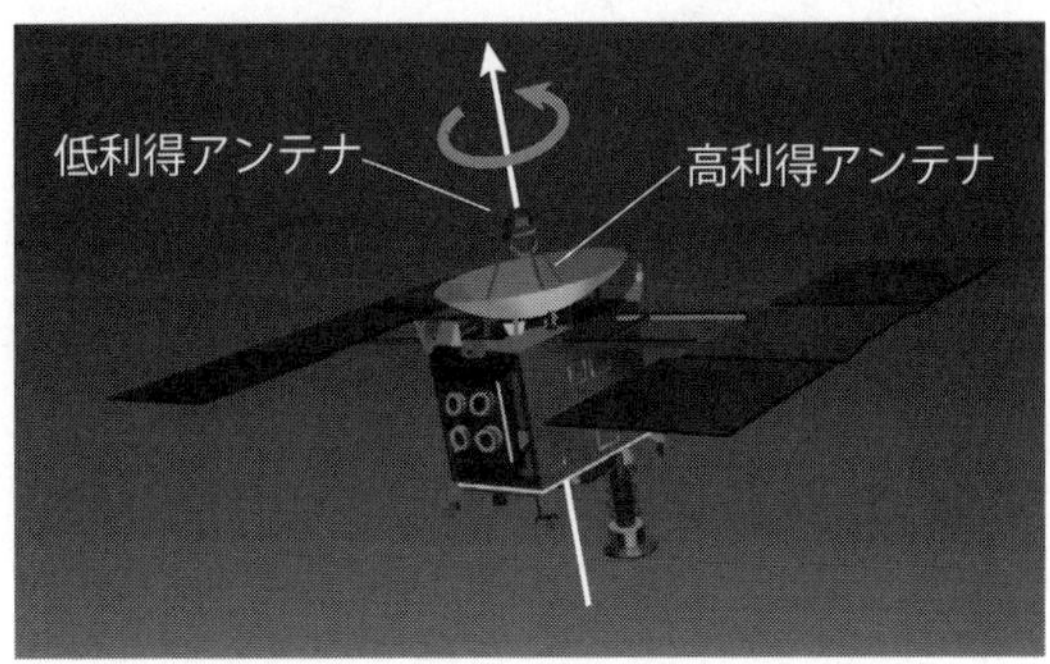

「はやぶさ」はイトカワにタッチダウンしたあと、通信が途絶えた。しかし、最終的にアンテナの軸周りに安定した回転に入ると予想されたので、通信を回復することに成功した。

コマ型は、高速で自転する天体によく見られます。コマ型という形状全体、正確には表面の傾斜分布から、かつては自転周期が3・5時間くらいだっただろうと推定されています。

小さな天体は、球形である必然性がないので、その形状はさまざまです。元となった岩石片が寄り集まる際に、どんなふうに集積し、合体して成長していくのかは、とても面白いテーマでもあります。

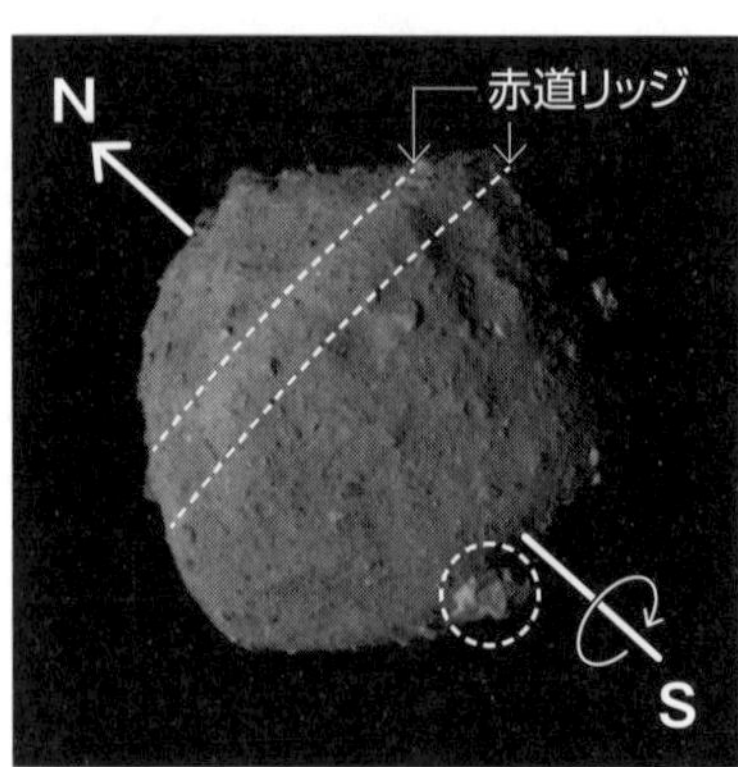

リュウグウの全体。南極近くに「オトヒメ」と名付けられた大きな岩塊がある。

地球は丸いですね。正確にいえば、赤道半径が大きくて、極半径は小さいのですが、これは自転による遠心力の効果によるものです。赤道では遠心力が大きいからです。

リュウグウの極のほうは遠心力が小さいので、これはもう、どんな地形もありえます。山がそびえ立っていても不思議ではないです。実際、オトヒメと名付けた大きい岩塊(1-1)がくっついていたりします。

(1-1) 岩塊
➡小惑星イトカワ表面に存在する岩塊の表面組織の解読
(日本惑星科学会誌Vol.19)

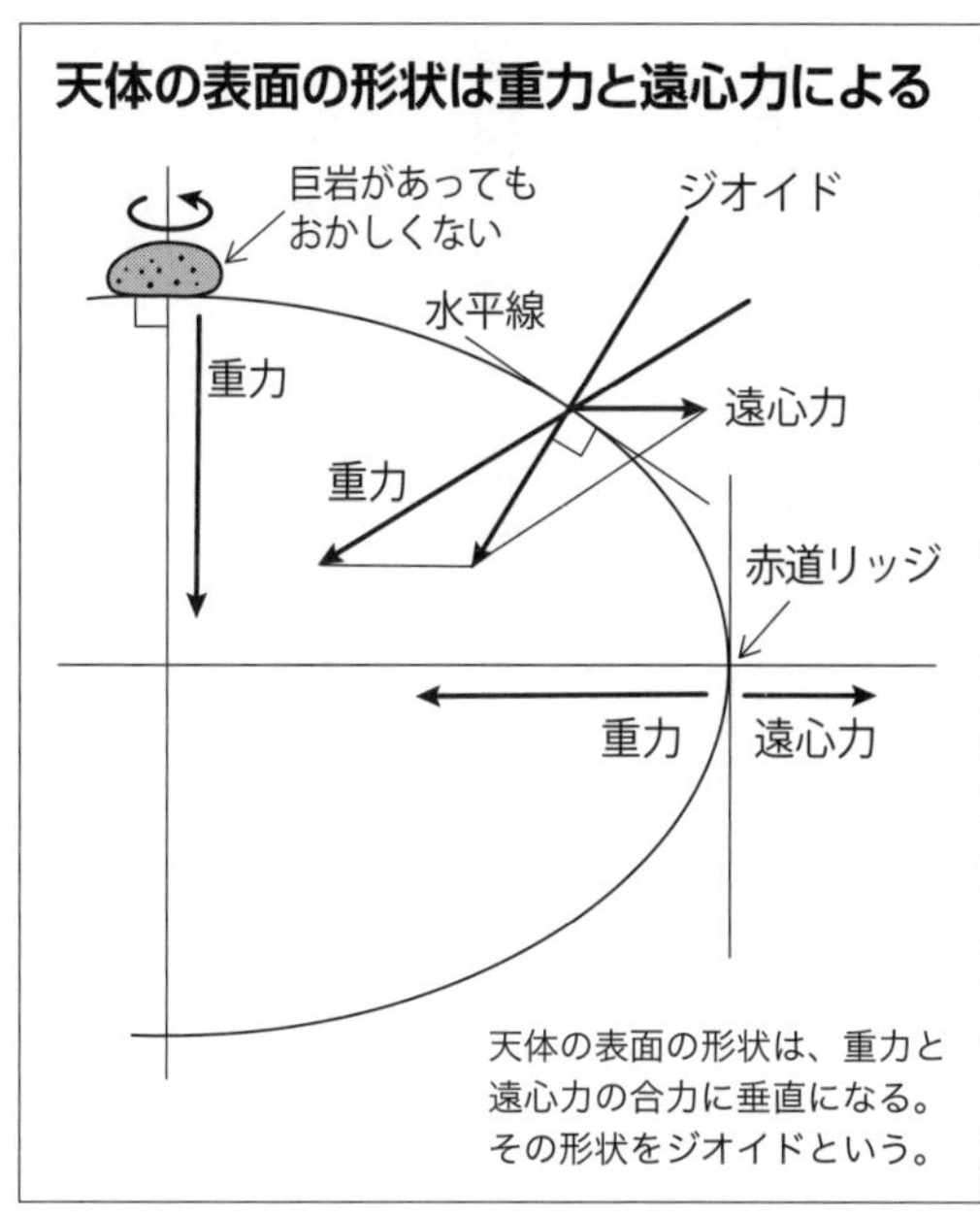

天体の表面の形状は、重力と遠心力の合力に垂直になる。その形状をジオイドという。

では赤道に近いところではどうでしょうか。赤道付近では、遠心力も重力も、どちらも半径方向に作用するので、赤道付近では、表面は半径方向に垂直になります。実際その通りの形状で、赤道付近は尾根のようになっています（「赤道リッジ」といいます）。非常に小さい天体は、一枚岩でできているものもあります。その場合は、遠心力が引力を超えてしまうほど高速で自転するものもあります。

さて、少しだけ緯度が高い場所はどうでしょうか？　緯度が10度で、傾斜がマイナス10度だと、きれいに球体の一部を形作ることになります。しかし、実際のリュウグウは違いますね。傾斜は緯度に無関係に、ほぼ一定に近い急傾斜です。このことは、遠心力の影響が非常に大きかったことを示しています。

ジオイドという言葉があります。天体の表面の形状は、局所的な、重力と遠心力の合力に垂直になります。その形状をジオイド(1-2)といいます。天体の表面の形状は、まさにジオイドで決まるのです。イトカワとリュウグウはずいぶん形が違いますが、両方とも現在または過去のジオイドに沿った形状をしていると想定できます。実は、今のリュウグウの形状を見れば、とくに遠心力の大きい赤道に近い領域の形状から、リュウグウ全体の質量もおおまかに推定できます。

空隙があっても表面は硬い？

リュウグウの形状から、全体の質量もおおまかに推定できると書きました。天体の質量がわかると、次に何がわかるでしょうか。外観から形状と大きさはわかりますから、全体の比重を求めることができます。もし、天体の内部がぎっしりとつまっているとすると、その比重は、岩の比重と同じになるはずです。リュウグウの場合、その

(1-2) ジオイド
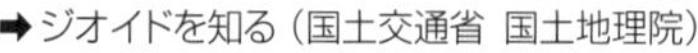
➡ジオイドを知る（国土交通省 国土地理院）

典型的な岩の比重は、C型コンドライト（炭素質球状隕石）の比重だと想定できます。C型コンドライトはC型小惑星から飛んでくると考えられるからです。

ところが、リュウグウの比重を解析してみると、C型コンドライトの6割くらいしかありませんでした。ということは、リュウグウの半分くらいは空隙か空洞であることになります。イトカワでも同様の解析がされましたが、こちらも普通コンドライト（石質隕石）に対して、相対的に60％くらいでした。

体心立方格子(1-3)という結晶の構造があります。立方体の中心と頂点に置かれた球どうしが密接してできる構造です。その構造だと、空隙率が30％くらいになります。面心立方格子なら空隙率は約25％、単純立方格子なら約50％ですから、イトカワでの結果は、球形に近い破片が密接した状態だったと解釈できるわけです。

同時にこれが示していることは、イトカワがガレキの集合体でできた天体である、ということです。ラブルパイル型天体(1-4)と呼

体心立方格子の構造

立方体の中心と頂点に置かれた球どうしが密接してできる結晶構造。充填率は約70％。

(1-3) 体心立方格子
➡ 体心立方格子（日本機械学会）

(1-4) ラブルパイル型天体
➡ イトカワ（日本惑星科学会誌Vol.16）

ばれます。こうした天体の存在は、理論的には想定されていました。しかし、ガレキの寄せ集め天体が実際にどのような姿であるかが、イトカワでの観測で初めて確認されたわけです。

では、リュウグウの空隙率が半分近くもあることは、何を意味するでしょうか？いろいろな解釈があるかもしれません。それぞれの破片が球形ではないために、互いに密接した状態を作れないのかもしれません。ないしは、本当に内部に空洞があるのかもしれません。現在、専門家が検討していますから、その成果を待ちたいと思います。

ところで、内部がスカスカであることは、必ずしもその天体表面が柔らかいことを意味するわけではありません。初代「はやぶさ」の開発中に心配していたのは、イトカワに着地して、ずぶずぶと沈み込みはしないか、でした。初代「はやぶさ」はイトカワの表面でバウンドしましたが、結構しっかりと弾みました。イトカワの表面は意外に硬かったのです。比較的大きさのそろった粒状の物質が格子状に密接していても、空隙は大きいわけです。したがって、空隙をもった構造であることは、表面が硬いことと矛盾はしないのです。リュウグウの場合は、「はやぶさ2」のインパクタでできた人工クレーターの大きさから、その硬さがわかります。注目したいと思います。

リュウグウはまるでフリーズドライ

リュウグウの表面温度を計測することで、ある種の容積あたりの「熱容量」を推定することができます。これを熱慣性(1-5)と呼びます。

砂（レゴリス）は非常に小さな粒子でできているので、質量、つまり容積に対して相対的に表面積が大きくなります。ですから、レゴリスで覆われていると、簡単に加熱され、冷却されやすいという特徴が現れます。つまり熱慣性は小さいのです。これは地球の砂漠を考えるとわかりやすいと思います。砂漠では、昼間は灼熱でも夜は気温がぐっと下がります。砂の熱慣性が小さいためです。

半面、岩塊など大きな塊は、相対的に表面積が小さくなり、熱慣性は大きくなります。しかし、サイズが大きな岩塊でも、表面がささくれだっていたりすると表面積は大きくなり、熱慣性は低下します。あるいは、サイズの大きい岩塊でも、内部に大きな空隙があると、熱慣性は低下します。

（1-5）熱慣性
➡火の鳥「はやぶさ」未来編 その9
（日本惑星科学会誌Vol.24）

外観からではわかりにくいのですが、温度分布、履歴を測定することで、表面を覆う砂や岩塊の空隙率や表面状態を推定することができるわけです。

小惑星には大気がありません。ですから、日照側では、受けた太陽からの熱エネルギーで加熱され、日陰側では、放射で冷却されることになります。「はやぶさ2」が滞在して観測した場所は太陽側ですから、リュウグウの熱慣性が大きければ、「はやぶさ2」は日陰側で冷えた状態で日照側に現れることになり、温度分布で見れば相対的に冷たく見えます。

リュウグウの外観は岩だらけのように見えるので、ある程度、熱慣性は大きいと予測されていました。しかし、実際に「はやぶさ2」が近傍で観測した結果によると、岩塊でも熱慣性が小さい場所がたくさんありました。アア溶岩[1-6]のように、デコボコでスカスカな状態に近いと推定されています。アア溶岩というのは、たとえていえば、フリーズドライのコーヒーの粉の塊とでもいうのでしょうか、ガサガサでたくさん空隙がある溶岩です。「はやぶさ2」が帰還させたサンプルの写真は、ガサガサ溶岩の表面を削ぎ落としたようでしたね。熱慣性の観測を裏付けるのではないかという関心が寄せられています。

(1-6) アア溶岩
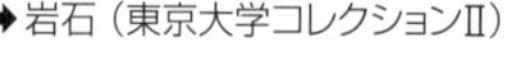
➡岩石（東京大学コレクションⅡ）

舞い上がった板状の破片

「はやぶさ2」がクレーター[1-7]を作るために弾丸を撃って離陸したとき、表面から舞い上がる破片も観測されました。動画をご覧になったでしょうか。不思議だったのは、板切れのような、薄片状の破片がかなりあったことでした。これが、ある種のヒントなのかもしれません。リュウグウ上の岩石は、きれいな結晶構造状ではないのかもしれません。私見ですが、激しい衝撃を受けて板状に変成されてしまったのかもしれません。パイ生地のような構造があるのかもしれませんね。帰還させたサンプルで、何かがわかるかもしれません。興味は尽きないです。

アメリカの探査機「オシリス・レックス」[1-8]が小惑星ベンヌでサンプルを採取したときも、同様の動画が得られました。しかし、こちらでは舞い上がる破片は角砂糖状、サイコロ状のように見えます。1か所のサンプリングなので想像の域を出ませんが、リュウグウとベンヌの創生の違いを物語るものかもしれません。近傍での観測では、形状は似ていましたが、表面を構成する岩はいささか異なった形状を示していました。

(1-7)「はやぶさ2」のクレーター
➡人工クレーター形成実験（JAXA）

OSIRIS-REx

(1-8) オシリス・レックス
➡OSIRIS-REX（NASA and The University of Arizona）

リュウグウの構造を知ることは「地球防衛」にも役立つ

リュウグウは、質量中心から半径方向に対して、45度の傾斜面をもつ、ソロバン玉のような形状でした。これは、引力と遠心力で支配されるジオイドで説明されると書きました。しかし、本当にジオイドで支配されるなら、形状は楕円体になるべきです。傾斜が一定になる、一定を保つには、引力と遠心力だけでは説明が不十分であることに気づかれるはずです。

それが可能である一つの原因は、摩擦力（せん断抵抗力）と、凝集力(1-9)（cohesion force）です。自転の速度も一定ではありませんから、形状は現在のジオイドではなく、過去のジオイドを反映したものなのかもしれません。しかし、それを保持させるには、引力と遠心力だけでは十分ではありません。

（1-9）凝集力
➡Scaling forces to asteroid surfaces
（The University of Colorado）

土木工学的には、モール・クーロンの破壊規準[1-10]で支配されるメカニズムがあります。美しい火山の形として有名なのは、富士山のようなコニーデという円錐形の形状です。せん断抵抗角（摩擦角）が一定なら、その形状は、頂点に向かうまで一定の傾斜の円錐台になるはずですが、実際には、頂点に近くなると、傾斜はもっと高くなります。これが美しさを生んでいます。

これは、頂点に近くなるにつれ、凝集力の寄与が大きく現れるためとも解釈できます。非常に小さな小惑星には、赤道で周回軌道速度を超える速さで自転しているものがありますが、それが現実に可能なのも、凝集力の効果です。リュウグウでも、赤道に近い領域で45度の急傾斜が現れて維持されるためには、このようなせん断抵抗力、凝集力を考慮した解釈が必要になります。このように小天体の形状を理解し、モデル化することは、土木工学面で、地上の土砂災害を防ぐことにもつながります。

イトカワやリュウグウで計測・推算された質量から推定できることは、それらが、非常に空隙の大きい、ガレキの寄せ集め天体（ラブルパイル型天体）であることです。このことは、地球に接近してくる「潜在的に危険小惑星[1-11]」（Potentially Hazardous Asteroid, PHA）への対策を考えるうえで、とても役に立ちます。

（1-10）モール・クーロンの破壊規準➡三軸試験とモール・クーロンの破壊規準（名城大学理工学部）

（1-11）潜在的に危険小惑星➡太陽系、地球周辺は小惑星で混雑（NATIONAL GEOGRAPHIC）

「危険小惑星」の軌道を変えるには？

危険小惑星は一定の頻度で地球に衝突し、ときに文明への社会的脅威となることが、統計的に想定されています。

現代の、あるいは将来の技術をもってすれば、20〜30mくらいの大きさの小天体については、宇宙機（つまり衝突機）を意図的に衝突させて、軌道を変化させることができます。これは惑星防衛あるいは地球防衛(1-12)と呼ばれています。では、どんな衝突機を用意したらよいでしょうか。

対象の小惑星が、全体が一つの岩塊のような剛な物体であれば、どこの1点に衝突させてもかまいません。軌道を変えることができます。弾頭は点であっても良いわけです。しかし、小惑星が雷おこしのように、ガレキが集まったような天体の場合、天体は強い圧力には対抗できないので、1点より多点、点よりは面で衝突させるべきと考えられます。

原子爆弾が有効では？　と思われるかもしれません。しかし、原子爆弾で得られる

(1-12) 地球防衛
➡映画が現実に 小惑星衝突を防ぐNASAのアイデア
（NATIONAL GEOGRAPHIC）

のは、強力な熱量なのです。大気中では、放射線により大気中の原子が励起（れいき）され、温度が上昇、高温・高圧の火球が形成されて、途方もない圧力波、衝撃波が発生して伝播し、破壊を起こします。しかし、真空中では、その効果は起きません。

一方で、原子爆弾の熱エネルギーが表面材料を融解、気化させる効果があり、それなりの軌道変化を誘発します。

天体が剛な場合には、表面から発生するガスのもつ力学的なエネルギーが天体全体を推進させて軌道変化を生じさせますが、ガレキの集合体の天体では、天体を変形、振動、回転させてしまい、エネルギーが転換されるために、軌道は変わらずに形だけ変わって、天体全体の質量中心の速度をうまく変更できなくなるかもしれません。爆破しても、そのエネルギーが破片に費やされてしまうと、小さくなった多数の破片が地球を襲うだけの結果になってしまうわけです。

探査対象、ガレキがどのくらいの間隔で空隙を作っているのか、どのくらいの硬さなのかは、危険小惑星への対策を考えるうえで、非常に重要な情報になるのです。

クレーターを調べれば、その天体の来歴がわかる!?

月の表面には、あばたのようなクレーターが無数にあります。こうしたクレーターは、岩石などの衝突で作られます。そして、岩石の破片などがどのくらいの頻度で衝突するかは、その天体が飛行している太陽からの距離、領域によって、その確率がわかっています。

つまり、イトカワやリュウグウ表面のクレーター分布を調べることで、これらの小惑星がかつて滞在していた領域で、どのくらいの頻度で隕石などと衝突していたか、またどのくらいの期間、そこに滞在していたのかを検証できるのです。これを「クレーター年代学[1-13]」といいます。

こうした研究は、地球に接近する、危険小惑星の出現頻度の予測精度を向上させる

(1-13) クレーター年代学
➡クレータサイズ頻度分布からさぐる月惑星表面の地質進化
(日本惑星科学会誌Vol.24)

ことにもつながります。

ちなみに、イトカワやリュウグウにはクレーターがあまりありませんでした。仮にリュウグウが誕生してから小惑星帯（メインベルト）に存在したとすると、その滞在期間はおよそ９００万年ほどと推定されています。

クレータ年代学と加熱履歴

「はやぶさ2」は、リュウグウに作ったクレーターで、その中に現れた地下サンプルを観測しました。これによって、リュウグウの軌道の進化が推定されました。こうした分析が、小惑星帯から飛んでくる地球近傍小惑星の生成モデルについて、新たな情報をもたらしてくれます。

生まれたばかりのリュウグウの軌道は、小惑星帯にあったと考えられていますが、その後木星等の引力の影響を受けて、かなり長楕円となり、近日点距離（太陽にもっとも近づく距離）も水星あたりの距離まで下がったと推測されています。これは高熱にさらされないと説明のつかない物質が確認された観測結果に基づいています。その後、軌道は現在のように丸く（長楕円から円に近く）なりました。その進化は意外なほど速かったと見られます。数十万年ないし数百万年の間に起きたと推定されているのです。これは、地球に降ってくる天体がもたらす天災の発生確率モデルを見直す材料でもあるわけです。

地球に降り注ぐ天体がどのくらいの頻度で衝突するかも、地上に残ったクレーターの年代測定や、隕石の落下頻度などから、統計的に整理されています。それを基に計算すると、直径1㎞くらいの天体が地球へ衝突する確率は、1000万年に1個くらいとなります。リュウグウは1㎞くらいの大きさです。誕生したリュウグウは小惑星帯に900万年程度存在して、その後、大きく長楕円化したと推定されていますが、これはその頻度に整合していることになります。

ちなみに20mくらいの天体の衝突確率は100年に1個程度です。これは、ツングースカ(1-14)やチェリャビンスク(1-15)での小天体落下事件の発生確率と合致しています。

1908年6月30日、当時のロシア帝国（現ロシア連邦）のシベリアで謎の大爆発が起き、周囲の森林が約2000㎢以上にわたってなぎ倒されました。これはほぼ東京都の面積に匹敵しますから、すごい威力です。「ツングースカ大爆発」と呼ばれる

（1-14）ツングースカ
➡The Tunguska Impact -100 Years Later（NASA）

（1-15）チェリャビンスク
➡チェリャビンスク隕石の現地調査報告（日本惑星科学会誌Vol.22）

この事件は、現在では小天体の衝突であったことがわかっています。そして、2013年2月15日には、同じロシアのチェリャビンスク州上空で天体が爆発し、多数の窓ガラスが割れ、1000人以上が負傷するという災害が起きました。この2つの事件は、ほぼ100年の間隔を置いて起きています。

6500万年前、小惑星の衝突が恐竜絶滅(1-16)につながったとされますが、その天体の直径は10㎞ほどと推定されています。このような規模の天体が衝突する確率は、1億年に1個です。

イトカワやリュウグウなどの地球近傍小惑星は、いつかは地球や金星に衝突し

リュウグウとイトカワ、惑星の軌道

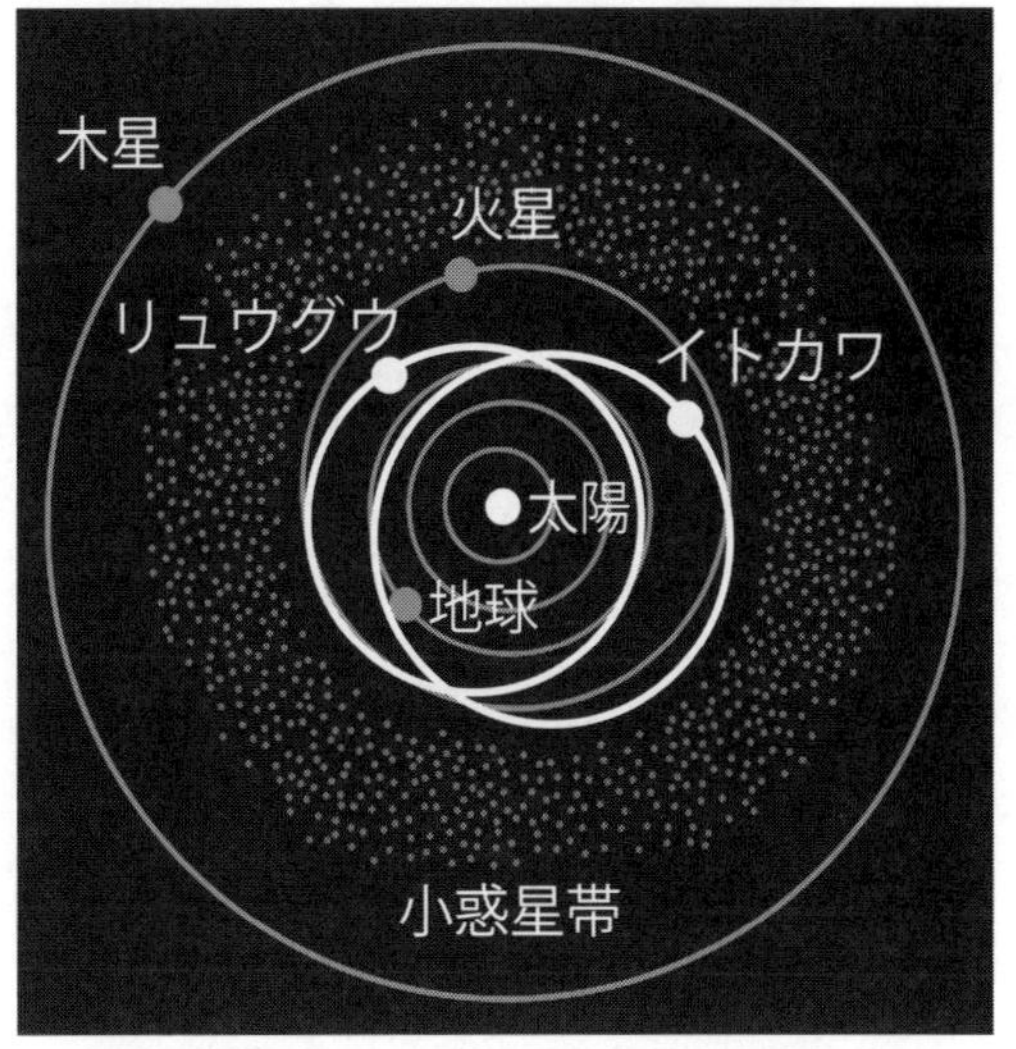

リュウグウやイトカワは、地球と火星の間を公転するような軌道である。地球近傍小惑星と呼ばれる。JAXAなどの資料より作成。

(1-16) 恐竜絶滅
➡ 地球外天体衝突による大領絶滅
(地質学雑誌 第117巻 第4号)

て消えていきます。太陽系誕生以来、膨大な時間が経過しているので、それほどたくさん衝突して消滅しているなら、地球近傍小惑星はもうなくなってしまってもおかしくないのでは、と思われるかもしれません。けれど、そうではありません。小惑星帯では常時、新たな衝突や、軌道の乱れが生じて、地球に接近する軌道に落ちてくる小天体が供給され続けているのです。ですから、その数は減らないのです。

リュウグウの赤いスペクトルが物語る、これまでの軌道の変遷

従来から、小惑星こそが、典型的な隕石のふるさとだと考えられてきました。隕石の大部分は普通コンドライトです。ところが実際には、普通コンドライトに対応する反射スペクトル(1-17)を示す小惑星は非常に少なく、そこに大きな矛盾を抱えていました。しかし、「はやぶさ」による観測で、イトカワのようなS型小惑星は、宇宙風化で反射スペクトルが変化していることが、はじめてわかったのです。

宇宙風化による「赤化」という現象

普通コンドライトと比べると、S型小惑星の反射スペクトルは、波長の短い紫外線

(1-17) 反射スペクトル
➡スペクトル型（小惑星の）（日本天文学会）

や可視領域で暗い反面、赤外域で相対的に明るいのが特徴です。この変化は「赤化(1-18)」と呼ばれています。赤外域で明るいので、赤化というわけです。ぜひ、ビジネスマンにも知っておいてほしい用語です。共産主義ではありませんよ。そして、決してアメリカの共和党の色のことでもありません。

さて、その赤化の程度を観察するために、画像上で、「反射スペクトルの傾き」を表現することがよく行われます。

ところが、これはリュウグウもそうですが、小惑星全体が赤化しているわけではないのです。たとえば赤道付近では遠心力の作用で、表面の物質は流されて薄くなってしまっています。表面下の宇宙風化していない部分の反射スペクトルが観察され、相対的には「青い」状態を示しています。青い＝若いわけですね。

焼け焦げていたリュウグウ内部の物質

クレーターの上にクレーターができると、もちろん、上にできたクレーターのほうが若いことになります。リュウグウでの観測によると、古いクレーターでは赤化が起

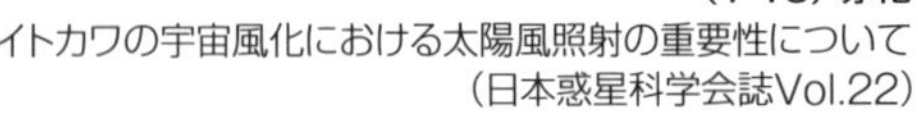
(1-18) 赤化
➡イトカワの宇宙風化における太陽風照射の重要性について
（日本惑星科学会誌Vol.22）

きていますが、若いクレーターは赤くなく、青色をしていました。たしかにその通りです。

青色とは、反射スペクトルの強度が赤い側（波長の長い側）へ高くなっていない、という意味です。赤くないということは、内部から掘り出された物質が風化を受けていなかったことを示しています。

クレーター年代学を併用すると、赤化していく時間を推定することができます。その時間は、およそ30万年から８００万年であると考えられています。この宇宙風化を受けた期間が、リュウグウの軌道が長楕円化されてからの時間の長さにあたると考えられるわけです。小惑星帯にとどまっていると、太陽からの距離が遠く、赤化は進行しにくいからです。

さて、「はやぶさ」「はやぶさ2」が行った直接探査では、サンプル採取のために弾丸を発射したり、人工クレーターを作って内部物質を露出させせました。報道を記憶しておられる方も多いと思いますが、「はやぶさ2」がサンプル採取で弾丸を撃ったあと、表面には黒っぽい粉が散らばりましたね。また、インパクタで人工クレーターを作ったときも、撮影された画像を見ると、リュウグウの内部は黒く写っていました。

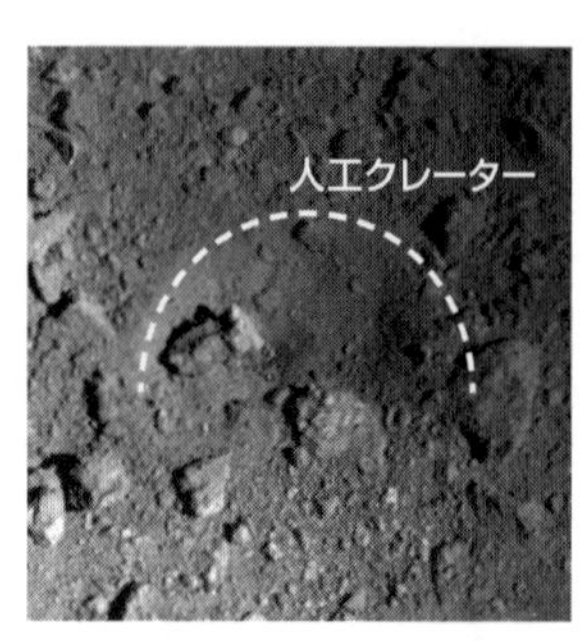

「はやぶさ2」のインパクタが作った人工クレーター付近。点線はその範囲をおおまかに示したもの。内部は黒っぽい。©JAXA、東大など

ＪＡＸＡでは「はやぶさ2」の打ち上げ前に、探査の内容を紹介するＣＧアニメーションを作りました。そこでは、リュウグウの内部は白っぽいに違いないと想定して、弾丸を撃ったり、インパクタを衝突させた状況を描いていました。宇宙風化すると赤くなるけれども、内部は風化していないから、平坦なスペクトルをもつ白い材料が見えるのではないか、と勝手に想定していたわけです。

しかし、リュウグウでサンプル採取後、弾丸を撃ち込んだ地点の反射スペクトルを観測したところ、散らばった物質は「赤黒い」ことがわかりました。若いクレーター、できたばかりのクレーターなら内部は青いはず。その予想と矛盾した結果だったわけです。もちろん、サンプル採取を行った場所の周辺には青い物質も観測されました。しかし、それでも赤黒い物質が出てきたことは不思議なことでした。

この赤黒い物質は、宇宙風化ではなく、加熱されて生じたものと推定されています。

推定される軌道の変化

この結果からいえることは、リュウグウの表面の下には、場所によるのですが、かつて加熱されて赤黒く変成を受けた材料があったということです。しかし、現在のリュウグウの軌道はもっとも太陽に近づいても、地球の公転軌道付近までです。格別の加熱を受けるはずがありません。

リュウグウのようなラブルパイル型の地球近傍小惑星は、かつて存在した母天体の小惑星同士が衝突してできた破片が、再集積して誕生したと考えられています。母天体の候補も推定されています。衝突でできた最初のころのリュウグウの軌道は、当然、円軌道ではなく、やや楕円な軌道になります。衝突により減速や加速を受けるからです。

しかし、それでも、リュウグウが生まれたときは、まだ小惑星帯の中にその軌道が収まっていました。その後、惑星の接近や共鳴などにより、リュウグウの軌道は一時的に太陽にかなり近づくまで、長楕円な軌道に移り、さらにその後、現在のやや丸みを取り戻した軌道になったと推定されています。あの赤黒い物質は、その長楕円軌道上に存在した最初の期間に、表面が加熱された結果なのではないか、と推定されているわけです。その期間は、宇宙風化で赤化が始まるまでの数十万年ほどという短い期間ではなかったかということになるわけですね。

そのリュウグウの長楕円軌道は、他の惑星の引力の影響を受けながら次第に変化し、現在のような地球付近に近日点をもつ楕円軌道へ変遷したものと解釈されています。そのダイナミックな軌道の進化が、意外に短期間で起きたのではないかというのは、驚きです。

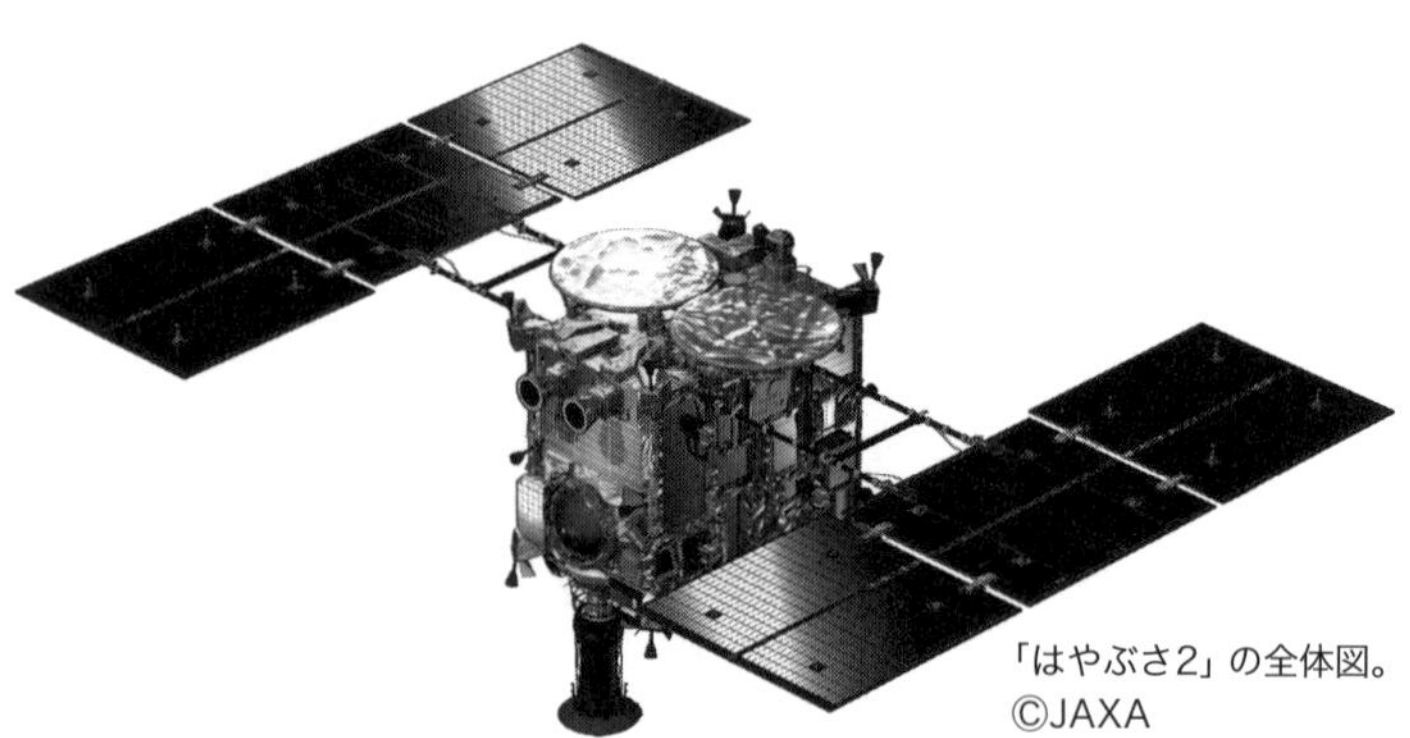

「はやぶさ2」の全体図。©JAXA

第2章

地球の水は小惑星からきた!?

地球の水はどこからきたのか？「はやぶさ2」がその謎に迫る

地球の水がどこからきたのか。これは「はやぶさ２」が解明を目指すテーマでもあります。非常に興味深いテーマですね。地球起源の水は、まだ地球が熱くて激しかった初期のころに、宇宙空間に逃げて失われたと考えられているからです。

太陽系外縁の「エッジワース・カイパーベルト[2-1]」と呼ばれる領域から飛来する短周期彗星の水が、地球の海の源であるという仮説が立てられたことがありました。ヨーロッパのハーシェル宇宙天文台[2-2]が、エッジワース・カイパーベルトからきたと考えられるハートレー第２彗星[2-3]について、水の化学的な測定、重水素[2-4]と水素の比の観測を行ったところ、その組成は地球

(2-1) エッジワース・カイパーベルト
➡エッジワース・カイパーベルト天体とオールトの雲の起源
(国立天文台)

(2-2) ハーシェル
宇宙天文台
➡Herschel (ESA)

(2-3) ハートレー第2彗星
➡Comet 103P/Hartley
(Hartley 2) (NASA)

の水と完全に一致しました。この結果に基づいた推論です。

現在までの理論では、太陽系が形成されてから約8億年後、地球をはじめ、太陽に近い内惑星が小惑星や彗星、その他の小天体による衝突にさらされていたころに、水がもたらされたとされています。ちょうど「後期重爆撃」[2-5]（約41億年前〜38億年前）の時期にあたります。彗星の主な構成要素は氷ですから、彗星こそが地球へ水を運んだ有力候補と目されてきたのです。

しかし、この推論をひっくり返すような「事件」が起こります。

2014年、欧州宇宙機関（ESA）の彗星探査機「ロゼッタ」[2-6]は、

太陽系の模式図

海王星より外の領域に、エッジワース・カイパーベルトと呼ばれる領域がある。©国立天文台

(2-4) 重水素
➡さまざまな地球外物質から太陽系の形成から現在までを調べる（九州大学 大学院理学研究院 地球外物質学研究室）

(2-6) ロゼッタ
➡Rosetta（ESA）

(2-5) 後期重爆撃
➡隕石重爆撃機（日本天文学会）

短周期彗星のチュリュモフ・ゲラシメンコ彗星(2-7)に到着し、彗星の核に、世界初の着陸、直接探査を実施しました。そして、その彗星から放出される水が、地球上の水とは異なる化学的特徴をもっていることを発見しました。その彗星の水には、地球の水より3倍多い重水素が含まれていたのです。これは小天体でこれまでに測定された中で、もっとも高い濃度でした。

このロゼッタの観測により、地球に水をもたらしたのはカイパーベルトからの彗星ではないのでは、と考え直されることになったのです。

NASAの探査機「スターダスト」は、ヴィルト第2彗星の塵を地球にもち帰ることに成功しました。報告によれば、ヴィルト第2彗星の5つの試料の重水素と水素の比を測定したところ、5試料中3試料が、標準平均海水より3倍高かったこともわかっています。彗星が水を地球に運んだのではない、かもしれません。

(2-7) チュリュモフ・ゲラシメンコ彗星
➡Comet 67P/Churyumov-Gerasimenko (ESA)

CG彗星

太陽系の惑星は最初から今の位置にあったのではない!?

星は、生まれて消滅する過程を、ぐるぐると何度も繰り返しています。私たちの地球も、そうした星が繰り返す輪廻の、ある一世代でしかありません。恒星が寿命を終えて爆発し、その成れの果てのガスから再び星々が生まれることを繰り返しながら、天体、そして宇宙は変遷を重ねているのです。

太陽のような恒星がどうやって生まれるのかというと、まず宇宙に浮かぶガスの分子の雲から始まります。その雲の中で、岩石や氷の欠片（かけら）などの粒子や分子が非常に弱い力で引き合って、レコード盤のような円盤を形作っていきます。なぜ円盤になるかといえば、中心に向かって物体が引き合っていく運動を開始する過程で、最初にもっていた回転の運動量のバランスがあり、そこから自然に回転が始まるのです。球体の

原始惑星系円盤の想像図。ⒸESO

雲がそのままで回ることはなく、ぶつかったものはすべてはじき出されていくので、結局、円盤になって回るのです。これを原始惑星系円盤(2-8)と呼びます。

その円盤の中で、粒々、欠片同士が、お互いに引き合って衝突を繰り返し、少しずつ塊ができていきます。それらがさらに発展して集合し、やがて惑星ができたと推定されています。

原始惑星系円盤は、単なる推論ではなく、実際にハッブル宇宙望遠鏡でその姿が確認されています。たとえば太陽系に近いオリオン星雲では、原始惑星系円盤がたくさん撮像されています。

(2-8) 原始惑星系円盤
➡ ALMAで探る原始惑星系円盤

原始惑星系円盤のスノーライン

原始惑星系円盤において、太陽に近いところは温度が高く、水、アンモニア、メタンなどは凝結しない。一方、遠いところでは温度が低いために「氷」に凝結する。その境界線をスノーラインと呼ぶ。

定説とされてきた惑星形成論

太陽系では、太陽から近い順に、水星、金星、地球、火星、木星、土星、天王星、海王星と並んでいます。これらの惑星は、岩石や鉄を主成分とする地球型惑星（水星、金星、地星、火星）と、水素とヘリウムを多く含む広義の木星型惑星（木星、土星、天王星、海王星）に分けられます。

太陽から遠くなるほど、惑星は大きくなっていくように見えますね。このような大きさの違いがなぜ生じたかというと、小惑星帯（メインベルト）にあるスノーラインの外では水など多様な物質が固体

（水の氷を含めて）の状態で存在していたので、遠方の外惑星の領域に惑星を作る材料が多かったため、地球型惑星よりも大きく成長したと考えられています。

木星型惑星のうち、表面がガスで覆われた木星や土星は、巨大ガス惑星と呼ばれます。惑星が大きくなるとそれだけ引力が強くなりますから、原始太陽系円盤にあったガスまでも多く取り込んで、巨大になったわけです。

一方、天王星や海王星は主にガスと多様な氷（固体）で構成されており、巨大氷惑星（天王星型惑星）(2-9)と呼ばれます。これらは成長するのに時間がかかったため、ガスを取り込めるほど大きくなったときにはすでに原始太陽系円盤のガスが消散していて、あまりガスを取り込めなかったと考えられています。

一方、惑星に集められずに漂って残ったものを微惑星(2-10)といいます。太陽系ができた時点の情報をそのまま今に運んでいる、ある種のタイムカプセルです。小惑星の一部は微惑星であるとも考えられています。

小惑星のでき方はさまざまで、もう少し大きい天体同士が衝突して、その破片から生まれたものもあります。また、太陽系外からきた物体が、他の天体と衝突を繰り返すうちに太陽系内に捕まったものもあります。現在、火星と木星の間には、小惑星が

(2-9) 天王星型惑星
➡ 木星型惑星・氷衛星・系外惑星（日本惑星科学会）

(2-10) 微惑星
➡ 微惑星の形成（国立天文台）

たくさん存在するメインベルトと呼ばれる領域があります。

ホットジュピターがもたらした木星誕生の仮説

以上のような説が、惑星形成の典型的モデルとされてきました。しかし、相次ぐ系外惑星[2-11]の発見が、この定説に疑問を投げかけています。系外惑星では、木星のような大きな天体が恒星の直近をぐるぐると回る、いわゆるホットジュピター[2-12]がいくつも見つかっています。そのホットジュピターと恒星との距離が、半端じゃないくらいに近かったりするのです。典型的なホットジュピターの一つ、ペガスス座51番星bは、恒星からわずか0・05天文単位（1天文単位＝約1億5000万km）くらいしか離れていません。惑星形成論では、木星のような巨大ガス惑星は恒星の近くで生まれることは想定していなかったのに、です。

ホットジュピターが存在する説明としては、できかけた巨大惑星が、残存していた円盤の物質や、円盤の半径が縮小するのに巻き込まれて次第に恒星に近づいたという説や、他の天体からの重力の影響で軌道が細長い楕円軌道になり、恒星の近点を通過

（2-11）系外惑星
➡太陽系外惑星
（日本天文学会）

（2-12）ホットジュピター
➡ホットジュピター
（日本天文学会）

するたびに、その潮汐力によってブレーキがかけられた結果である、などといった説があります。

ホットジュピターがいくつもある現実を目の当たりにして、惑星形成の考え方にも修正の議論が出てきています。もしかすると、私たちの住む太陽系は、宇宙の中では極めて例外的なのかもしれません。

ダイナミックな太陽系の進化

最近では、種々の「惑星移動仮説」も提唱されています。惑星は最初から現在の位置にあったのではなく、長い間に移動したという説です。

最近、注目されている学説に、グランドタックモデル(2-13)とそれに続くニースモデル(2-14)があります。微惑星は2段階にわたって太陽系の中に散らばることになったという考え方です。

グランドタックモデルでは、木星は最初、現在のスノーライン付近に誕生し、いったん現在の火星軌道付近まで公転距離を縮め（内向き移動）、ふたたび公転距離を上

（2-13）グランドタックモデル
➡グランドタックモデルの検索へ

（2-14）ニースモデル
➡ニースモデル（日本天文学会）

げた（外向き移動）という説を述べています。この移動にともなって、最初の微惑星を散らばらせたとしています。

ニースモデルは、海王星以遠の太陽系外縁天体(2-15)であるエッジワース・カイパーベルトが、かつては現在よりはるかに密で、ガス惑星の軌道に影響を与えるほどだった、という仮定から出発しています。

ニースモデルによれば、現在よりも内側で誕生した木星が外側へ移動するにつれて、多数の微惑星が木星との共振、共鳴で捕獲され、それらが相互に衝突して小さい破片となり、今日の小惑星帯に至ったと説明されています。太陽系の惑星の中で最大の重力をもつ木星が移動するのにともなって、小さな天体を現在の小惑星帯の位置まで、再度、散らばらせたのではないか、というのです。

ガス惑星は、エッジワース・カイパーベルトの天体との重力相互作用により、広い軌道の間隔が短期間のうちに再編されて、再び安定な軌道に落ち着いたという考え方がとられています。天王星と海王星の位置が交代し、当時の太陽系外縁小天体の中に入り込んだ海王星によって、大量の小天体が太陽系の外側や内側へはじき出されます。それが40億年ほど前に起こり、内側へ飛ばされた小天体によって、ガス惑星よりも太

(2-15) 太陽系外縁天体
➡太陽系外縁天体（日本天文学会）

陽に近い地球などの岩石惑星の領域に、多数の天体が衝突したとされる後期重爆撃期がもたらされた、という仮説です。これによって、岩石惑星の領域に水がもたらされたのではないかという議論につながるわけです。

海王星より内側にある天王星が、海王星よりも質量が小さいことは、惑星形成理論(2-16)（かつての京都モデル）からすると矛盾しているのですが、これがニースモデルではうまく説明されています。

小惑星は、こうしたダイナミックな惑星系の進化に翻弄されて存在しているわけですから、太陽系の起源を推定するうえでも、天文学との関係は密接なのです。トロヤ群小惑星を探ることで、より深い理解ができるかもしれません。

(2-16) 惑星形成理論
➡惑星形成理論（EXOKyoto）

リュウグウに水の存在が確認された！

「はやぶさ2」の観測では、リュウグウは波長が3μmくらいの反射スペクトル(2-17)の領域に、OH（水酸基）の吸収が見えていました。リュウグウ全体の9割の領域で、これが確認されています。その波長で吸収が起きるということは、水が含水鉱物(2-18)に含まれて存在していることを示しています。つまり、リュウグウには水があるということです。

「水がある」といっても、液体の水が真空中で存在することはありません（ごく最近、月面で別の様態で水が見つかっていますが、それについてはあとで述べます）。表面が一様に、つまり均質に、その吸収を示しているということは、リュウグウの元となった母天体上で、あらかじめ水質変性（岩石と水の相互作用により、もともとの物質が変化すること）を生じていたことを示すものです。

(2-17) 反射スペクトル
➡スペクトル型（小惑星の）（日本天文学会）

(2-18) 含水鉱物
➡水を湛えた小惑星たち（JAXA）

リュウグウで確認されたスペクトルは、加熱や強い衝撃を受けた炭素質コンドライトに似ていました。これは、C型小惑星と炭素質コンドライトには類似の関係があることを示しています。リュウグウ全体の標準反射率（アルベドと呼ばれます）も計測されていて、その炭素含有量は2％強であり、これも熱変性を受けた炭素質コンドライトとよく整合しています。リュウグウは実際、真っ黒でした。広報から発表される画像は明るく補正して表面状態がよく見えるようにしていますが、まさに、〝真っ黒クロ助〟だったのです。

リュウグウの反射スペクトル

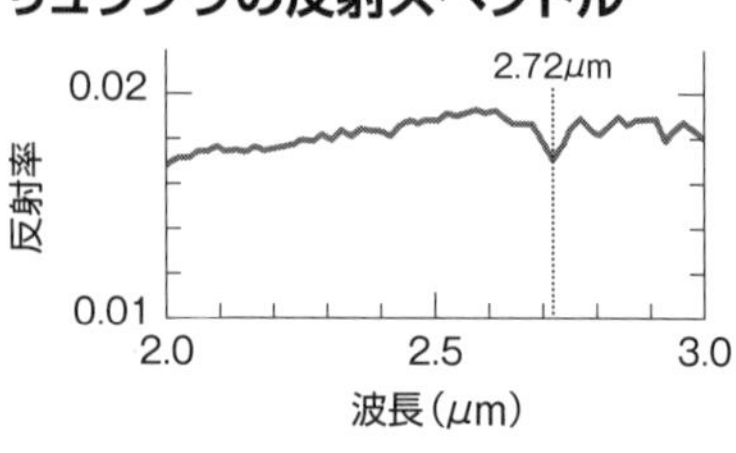

2.72μmのあたりに、水酸基に起因する吸収（OH吸収）が見られる。JAXAの資料より作成。

地球の水は小惑星に由来する？

水と有機物の起源を探ることが、「はやぶさ2」ミッションの目的でした。リュウグウで水が見つかったことは、地球上の水の起源を知るうえで、とても大きな情報であるわけです。かつて地球を含む内惑星は、小惑星のような天体の衝突にさらされました。今回の観測で、水が地球に運ばれてきた経緯を知る手がかりが得られたと考えられています。

イトカワはS型小惑星、石でできています。イトカワが存在する太陽からの距離では、液体の水は存在せず（もちろん氷も存在せず）、気化してなくなってしまっています。焼石状態というわけです。

しかし、数年前にアリゾナ大学での研究によって、イトカワの試料から水が検出されました。含水鉱物です。地球の水と同じ水素同位体比であることが確認されています。

つまり、彗星ではなく、イトカワやS型小惑星、それらの母天体が、地球に水をもたらした可能性が示唆されるわけです。

先述した「スターダスト」探査機による彗星の塵の分析結果からは、加熱されなければ生成されない鉱物も見つかったりしています。これらは彗星の成り立ちに関して多様性を示す結果で、もしかすると、カイパーベルトの天体は、私たちの想像するような、原始の太陽系を代表するものではないのかもしれないのです。

イトカワの試料と同様に、「はやぶさ2」が帰還させたリュウグウの試料についても水素の同位体比を正確に計測し、地球上のそれと比較することによって、この地球に水がもたらされたメカニズムについて、さらなる情報が得られるものと期待されています。サンプルが帰還したことで、まさにこの実測が可能になりました。

生命の起源に迫ることが、その先にある究極の探査の大目標です。今後、リュウグウの試料の解析により、新たな知見が得られることを期待しています。さらに続く将来の宇宙探査で、大きな発見が訪れることでしょう。

第3章

「はやぶさ」2代の技術イノベーション秘話

コロナ禍の混乱の中で行われた「はやぶさ2」のカプセル回収

「はやぶさ2」のカプセル(3-1)は無事にウーメラ(3-2)砂漠で回収されました。非常にスムーズに行われたように見える回収作業ですが、実は思いもよらぬ苦労がありました。コロナ禍によって、カプセル回収に向かうスタッフは、日本出国前に2週間の隔離、オーストラリア入国後に2週間の隔離、そしてさらに、日本帰国後にはまた2週間の隔離を克服しなければなりませんでした。その努力には脱帽です。しかも、南オーストラリア州の現地ではロックダウンが起きてしまうという異常な状況です。誰がこのような事態を想定したでしょうか。世界中がコロナで混乱する最中、それでも非常にスピーディにカプセル回収作業ができました。みなさんの任務遂行への熱い思いは、賞賛に値すると思います。

(3-1) カプセル
➡はやぶさカプセルの技術と再突入飛行(日本航空宇宙学会誌)

(3-2) ウーメラ
➡Woomera Prohibited Area (Australia Goverment)

「はやぶさ」のときは現地は冬でしたが、「はやぶさ2」では、45～46度という酷暑の中での作業でした。「はやぶさ」のカプセルは、落下地点はスムーズに確認できたのですが、実際に回収作業が始まったのは、午後になってからでした。これは、カプセルの落下想定域に先住民の聖地があったために、まず住民代表による安全確認飛行を行って、事前の了解を得る必要があったためでした。

今回の「はやぶさ2」の落下想定域は、幸い先住民の聖地からは外れていたため、この手順を踏む必要はなく、驚くような早さでカプセル回収が行われました。なんと朝一番で回収されてしまいました。現地回収隊によれば、隊員の使命意識は非常に高く、「はやぶさ」での作業以上を意識して行動していたとのことでした。素晴らしいと思います。

この章では、「はやぶさ」「はやぶさ2」がサンプルリターンというミッションを果たすために開発された技術イノベーションを振り返ってみたいと思います。

酷暑のウーメラ砂漠でカプセル回収作業。©JAXA

リュウグウにクレーターを作るインパクタ誕生までの苦闘

「はやぶさ2」でもっとも注目度が高かったのは、人工のクレーターを作ってサンプルを採集する、世界初の試みでした。インパクタ(3-3)を撃ち出して、クレーターを作るのです。どうやってその銛(もり)を撃つか。「はやぶさ2」プロジェクトを始めるときに、こんな議論がありました。探査機から直接ロケットで撃つ、なんていう構想もあったのです。

話は「はやぶさ2」プロジェクトが生まれるころにさかのぼります。当時、小惑星探査は世界的に見ても、その価値をまだまだ広くは認識されていませんでした。今は小惑星や小天体へのミッションが非常に増えていて、「はやぶさ」「はやぶさ2」があり、NASAの「オシリス・レックス(3-4)」があって、米欧ではDART計画(3-5)、HERA

(3-4) オシリス・レックス
➡OSIRIS-REX
(NASA, The University of Arizona)

(3-3) インパクタ
➡衝突装置(JAXA)

計画[3-6]があり、さらにNASAでは「サイキ[3-7]」という、資源も視野に入れた探査機を飛ばす計画が進んでいます。超小型探査機で、もっと別の小惑星を探査するという計画も始まっています。まさに隔世の感があります。

「はやぶさ2」プロジェクトについては、初代「はやぶさ」が飛んでいる最中から立ち上げようと一生懸命努力しました。最初に提案したのは、「はやぶさ」が行方不明になった次の年の2006年、「はやぶさ」のリハビリの1年の間でした。ある種、切羽詰まっていました。技術の継承、人材育成の観点から、「はやぶさ」の次の探査計画をどれくらいの頻度で立ち上げていけばよいのか。探査の灯を消さないようにするには、数年に一度のペースで立ち上げていかなくてはならない。

初代の「はやぶさ」プロジェクトは1996年から始まりました。2006年で10年が経っています。つまり、そこから立ち上げ始めたとしても、「はやぶさ」の打ち上げから「はやぶさ2」が打ち上がるまで、間隔が10年ほども空いてしまうおそれがありました。これはもう人材育成どころの話ではありません。そんな危機感から、まだ「はやぶさ」が帰ってくるか

(3-5) DART計画
➡Double Asteroid Redirection Test Mission (NASA)

(3-7) サイキ
➡Psyche (NASA)

(3-6) HERA計画
➡ESA's planetary defence mission (ESA)

どうかもわからない中で、「はやぶさ2」プロジェクトの実現を画策したわけです。

道のりは決して簡単ではありませんでした。意外にも、地球・惑星科学の専門家の集団からは、ずいぶん否定的な意見をいただきました。当時から、「はやぶさ2」の探査対象の候補はほとんどリュウグウ（1996JU3）に定めていました。理由は、「C型小惑星でもっともアクセスが可能になる天体」だったからです。すでに軌道計画を立てていました。

しかし、「小惑星だけが探査の対象ではないだろう」と言われ、大変苦労しました。袋叩きのようなこともありました。「はやぶさ2」が帰ってきた今でこそ、めでたしめでたしで、当時のことは忘れ去られてしまっているようですが。

木星でも火星でも、同じ惑星じゃないか、という乱暴な意見を言う人はいないでしょう。それと同様に、同じ小惑星だからという理由で反対するのはおかしいのです。C型とS型はまったく異なるということを、当事者の理学関係者にすらなかなか理解してもらえませんでした。今なら、イトカワとリュウグウはあんなに違うんだ、とわかっていただけると思いますが……。悪くいえば、足を引っ張られたということです。

ジャーナリズムの方々や、政治家の先生方、理解をいただいている研究者の方々に、何度も足を運んで説明して歩きました。でも、計画は進まなかったのです。

衝突機も打ち上げる一石二鳥方式を提案

そんな中、当時のJAXA立川敬二理事長から、「はやぶさ2」を立ち上げるのであれば新機軸、セールスポイントを出したらという励ましの課題をいただきました。「はやぶさ」が帰還する前から大変な理解をいただいた方のお一人でした。

私も、技術的にも新しい面があっていいだろうとは思っていました。

以前から欧州を中心に考えられていた探査計画の一つに、「ドン・キホーテ」(3-8)と名付けられた探査構想がありました。小惑星の周りに、ランデブーする探査機を先に到着させておき、そのあとから衝突機を小惑星にぶつけるというものです。そのぶつかる瞬間を観測しようという計画でした。真剣に検討されていましたが、なかなか実現せず、難航していました(ドン・キホーテは紆余曲折をへて、現在の欧州のHERA計画につながっています)。

立川理事長にはドン・キホーテ構想にならい、「はやぶさ2」と一緒に別な小型の

(3-8) ドン・キホーテ
➡Don Quijote (ESA)

宇宙機を打ち上げるというシナリオを提案しました。

　これは、実は世界初のソーラーセイル探査機「イカロス(3-9)」の立ち上げに関係しています。

　光を推力にするソーラーセイル探査機は、長い間検討していましたが、周りからは文字通り大風呂敷を広げるような話だと決めつけられて、なかなか認められませんでした。そこで、本番機の前に、技術実証機を打ち上げようと考えていました。そのころ「ＬＵＮＡＲ-Ａ(ルナエー)(3-10)」という探査機の計画が中止になったため、廃物利用といっては失礼ですが、その機器を搭載することで、低コストでソーラーセイルの技術実証機を作れそうだとにらんでいました。

　当時のＪＡＸＡ内では、２０１０年に「あかつき(3-11)」を打ち上げる際、Ｈ-ⅡＡロケット(3-12)の機械環境を緩和するために、ダンパーの重し、ダミーウエイトを一緒に載せるという議論がありました。理事会でそれが議題に上ったとき、たまたま陪席していた私は、「ダンパーを載せるくらいなら、ソーラーセイル実証機を載せてはどうでしょう」と、お呼びではなかった

(3-9) イカロス
➡小型ソーラー電力セイル実証機IKAROS（JAXA）

(3-10) LUNAR-A
➡月探査機LUNAR-A（JAXA）

(3-11) あかつき
➡金星探査機あかつき（JAXA）

(3-12) H-ⅡAロケット
➡日本の主力大型ロケット H-ⅡA（JAXA）

かもしれない提案をしたのです。世界初のソーラーセイル探査機「イカロス」が立ち上がった瞬間でした。そして、「イカロス」は金星探査機「あかつき」と一緒に打ち上げられることになったのです。

費用がかかるという理由で断念

「はやぶさ2」を打ち上げるときも、おそらくはダミーウェイトを積む必要があるのはわかっていました。それなら「イカロス」と同じ手が使えます。ダミーウェイトを載せるくらいなら、イカロスくらいまでの小型衛星クラスの別の探査機、衝突機も一緒に打ち上げられるではないか。「はやぶさ2」が先に到着して、一緒に打ち上げる衝突機があとから到着して、それを衝突させる。そういう計画を提案したのです。ちゃんと飛行計画もできていました。地球をスウィングバイしたときに、二手に分かれさせ、別々の軌道で飛ばすのです。まさに一石二鳥。非常に魅力的なプランでした。

唯一、私が潔いと思っていなかった点があったとすれば、オリジナリティでしょうか。もともと衝突については「ディープ・インパクト(3-13)」というアメリカの計画があり

(3-13) ディープ・インパクト
➡Deep Impact (NASA)

ました。それは彗星に銅の球を打ち込む計画で、成功していました。「ドン・キホーテ」計画もヨーロッパで構想されていたことです。私は「他でやっていることはしない」という信念でいろんなことに取り組んできました。私の信条といえます。ですから、その方法には新しさがないという意味で、やや寂しいと感じていました。

しかし、ともかくも提案しました。ところが、お金がかかるという理由で難色を示されてしまったのです。「はやぶさ2」が簡単に立ち上がらなかった原因の一つは「お金がない」からでした。まして、もう一つ探査機を打ち上げるなんて、とんでもないと言われ、このプランは引っ込めざるを得なくなりました。

余談ですが、次の世代の方々には、この二手に分かれて探査する、一石二鳥を実現してほしいと思っています。

プランを変更し、手荷物型インパクタの開発へ

なぜ衝突機をぶつけようと計画したかといえば、「純粋な」サンプルが欲しかったからです。小惑星には大気がないため、太陽風が吹き付けて、表面の物質は宇宙風化してしまっています。しかし、我々は宇宙風化されていないサンプル、インタクト(Intact)といいますが、「無垢の」「汚れがない」物質を採取したかったわけです。そのためには表面の物質をはがさなくてはいけない。そこで衝突機をと考えたのです。

一石二鳥計画がダメになったあと、最初に考えたのはインパクタではなく、「はやぶさ2」にロケットを搭載しようということでした。全長が1mほどのロケット砲で、探査機から小惑星に向けて飛翔体を撃ち出すのです。

この構想には背景がありました。頓挫した「LUNAR-A」計画では、月を周回

する軌道からロケット、ペネトレータと呼んでいましたが、強靭な材料でできた槍というか銛（もり）を、月面に撃ちこむことを検討をしていたのです。そこからの発想でした。

しかし、これは実は難しかった。もっとも難しい点は、狙いが定まらないということです。ロケットは発射台がないと、正確には飛ばないのです。地上だと、尾翼を使うことで狙いがおおまかに定まります。ロケット花火も同様です。しかし真空中では、尾翼は役に立ちません。点火したらどこに飛んでいくのかわからない、ということです。

ですから、狙いを定めるには、螺旋（らせん）状の線条（ライフル）を持たせた発射装置が必要になります。可搬型ロケット砲です。バズーカ砲（無反動砲）ですね（一般的にはバズーカ砲にはライフルはないようですが、ここではライフルが刻まれた無反動砲の意味で使います）。螺旋の、ライフルが刻んであ

弾丸がライフルから撃ち出される概念図

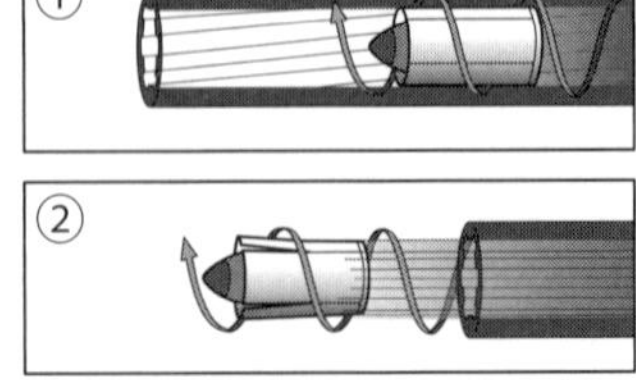

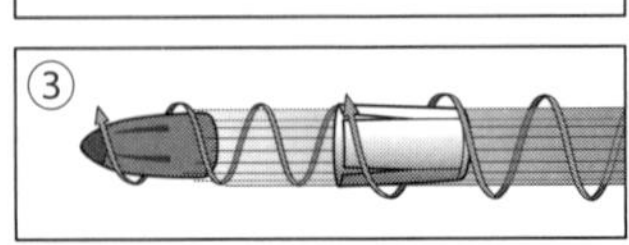

弾丸はライフルで回転を与えられ、方向が定まる（この図の弾丸は「サボ」と呼ばれるアダプターに収まっている）。チカト商品のサイトを参考に作成。

る筒から撃ち出す。そうするとロケットが燃焼して出ていくときには螺旋でスピンがかかり、撃ち出し方向が定められるわけです。

しかし、ライフルを設けても、長い砲身が必要です。砲身が長ければ長いほど、飛行方向は安定します。地上の砲撃隊の砲身は、長いのです。ライフルを滑っている時間が長ければ長いほど、正確に飛んでいくわけです。

ところが、探査機は高さが低く、1mくらいしかありません。そんな短い滑走距離で正確に打ち出すことは難しい。加えて、発射後に探査機が推進ガスを被ることにもなります。

さらなる難点は、スピードが稼げないことでした。スピードというのは、要するに推進剤を燃焼させる速さによります。発射装置を抜けるまでに加速を終えなくてはなりません。ふつうの推進剤を用いたのでは、まったくスピードが出せないことがわかっていました。毎秒数百メーター程度までなら出せるのですが、不足なのです。

これらのことから、ロケットとはいったものの、これではちょっとキビシイ……というような状況でした。

アメリカの防衛技術を応用する

そうこうしながらいろいろな方に会って意見を聞きました。そして、ＩＨＩエアロスペースという会社の森田真弥さんから、思いもよらぬ技術を紹介していただいたのです。――この森田さん、実は「ＬＵＮＡＲ－Ａ」計画に携わられた方で、のちに「はやぶさ」のウーメラでのカプセル回収のときに、現地で作業をされた方でもあります。いちばん最初にカプセルに触っていた方なのです。奇遇なめぐりあわせです。その森田さんから紹介されたのが、今のインパクタにつながる防衛用の技術でした。ヘリコプターからパラシュートで降下しながら、タンク（戦車）を攻撃する兵器の技術です。ポイントは非常に高速で燃焼するロケット弾であることで、無反動なことです。

スウェーデンのSAAB社のホームページより、無反動砲の写真。筒の後ろ側が開いているのが特徴。

地上で大砲を撃つと、砲身はものすごい衝撃をくらいます。なぜかというと、火薬を装てんしたあと蓋をしますが、蓋をすると、火薬が爆発して飛んでいった弾の反力が砲身を揺るがして、大変な力がかかるからです。しかし、ロケット弾はバズーカ砲と同じで、肩にかついでも反動がこないのです。後ろの蓋が開いていて、ロケット弾のガスが後ろに出ていった反動でロケット弾が飛んでいきますから、砲身には弾がライフルを回っている力くらいしかかからず、衝撃を受けないのです。ですから、タンクを攻撃するその装置にも反動がかからず、パラシュートで降りながら撃ち出すことができるわけです。砲身がなくても、非常に安定した方向に瞬時に加速します。発射速度は毎秒２㎞にもなるという、格好の技術でした。森田さんにこの技術を紹介していただいたので、ロケットという当初の方針を変えて、別な手荷物インパクタとして積むことになったのです。いろいろな方にご協力をいただいて開発できた技術です。

「はやぶさ２」のインパクタは作動する前は直径30㎝弱のお皿状ですが、爆発して弾頭ができあがったときには、約直径10㎝ほどの半球状になります。材料は、小惑星表面に自然に存在している材料と識別がしやすいように、銅が使われています。銅板を張ったケースを作り、その中に爆薬を流し込んで固めるわけです。最終的にできあが

インパクタでクレーターを作る実験の工程図

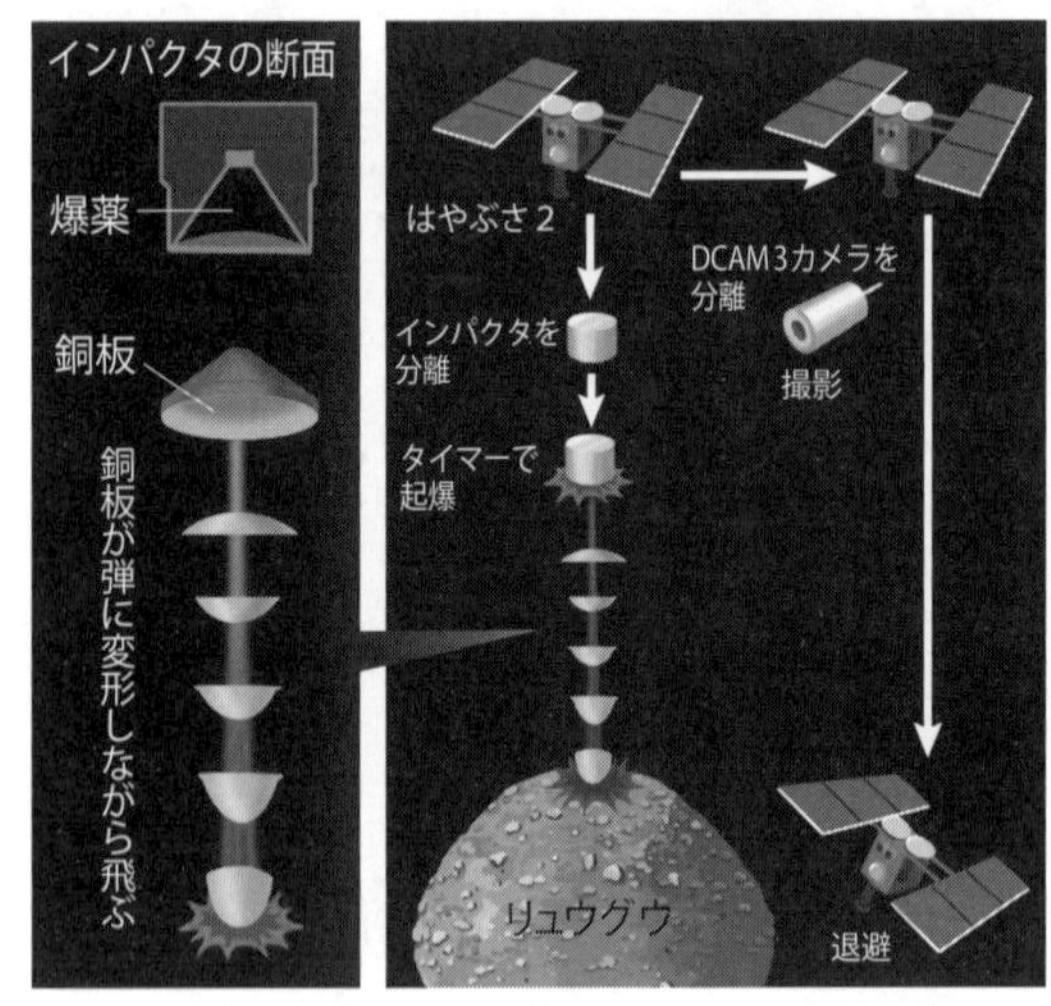

インパクタを切り離したあと「はやぶさ2」は水平移動し、DCAM3を放出。その後、リュウグウの陰に退避して、インパクタの衝突を避ける。JAXAの資料より作成。

る鈷の形は、その板を張る形状で決まります。佐伯孝尚さんに担っていただきました。最初はかなりびびっていましたが。

アメリカ発の技術ですが、NASAはこれに気づかず、「オシリス・レックス」には積めていません。「オシリス・レックス」はイオンエンジンで航行しないので、機材の輸送能力は低く、「MINERVA-II」のようなローバーも積んでいっていないのです。「はやぶさ2」は、「はやぶさ」ゆずりでいろいろなしかけを持って行きました。そのおかげでバリエーションのある観測ができています。

バリエーション豊かな観測を可能にした「MINERVA-Ⅱ」などの子機

「はやぶさ」「はやぶさ2」に小型の子機、探査体（プローブ）を搭載したことも斬新な発想でした。通常、探査機は本体1機に機能を集中させます。子機だと、サイズが制約されてどうしても機能が限定され、機能を持続できる時間にも限界があります。そもそも得られたデータを直接地球に送信できないので、母船で中継する必要があり、システムを複雑化させてしまいます。そうした理由から、分離型の子機の搭載はなかなか手が出せないものです。

しかし、「はやぶさ」には探査ローバーの「MINERVA（ミネルバ）[3-14]」を搭載することにしました。キューブサット（CubeSat）規格と呼ばれる一辺が10㎝ほどのサイコロ状の超小型衛星です。このような超小型衛星は、今では大学などで開発されたりとあち

(3-14) MINERVA
➡ Anxiously Awaiting the Fruits of Our Labor（JAXA）

こちで見かけるようになりましたが、当時、とくに惑星探査の分野では検討されていなかったと思います。吉光徹雄さんらが中心になって取り組んでいただきました。

なぜ子機を載せようと考えたかというと、母船を小惑星に着陸・滞在させるには、相当のリスクがあるからです。そこで、機能を天体の近接撮像と表面の温度計測に絞った子機を天体に降ろしてはどうだろうかと考えたのです。母船ではできない探査を、子機に行わせるということです。

いざ「MINERVA」の開発を始めると、「移動機能を設けよう」ということになり、さらに微小重力天体上では「移動は車輪ではなく、ホッピングであるべきだ」など、さまざまな技術革新の要素が登場してきました。技術者にとっては、非常にワク

2機構成のMINERVA-Ⅱ1（左）とMINERVA4-Ⅱ2（右）。©JAXA

ワクする子機になったと思います。

当時、探査機本体を担当していた企業からは、「わずか100gでも減量を目指しているのに、なぜ1kgのMINERVAを載せることにこだわるのですか」など、さんざん言われました。それでも、最後まで「これはオプションです。最後の最後には降ろすことも考えます」と切り抜けて死守しました。心の中では「絶対に載せる」と決心していましたが。

この「MINERVA」の2世代目が、「MINERVA-II」です。個数も、1個から3個へと増えて多様性を高め、「はやぶさ2」に搭載されました。その活躍はご存知の通りです。

MINERVA-II1bが撮影したリュウグウの表面。©JAXA

「MINERVA-II」でリュウグウの内部構造を推定

「はやぶさ2」には2機構成の「MINERVA-II1」と「MINERVA-II2」(3-15)

(3-15) MINERVA-II
➡小型探査ローバMINERVA-II（JAXA）

が積まれていました。最初に「ＭＩＮＥＲＶＡ‐Ⅱ１」の2個を展開し、表面に降ろしました。そしてホッピングで移動させて万々歳、という成功がありました。

しかし、「ＭＩＮＥＲＶＡ‐Ⅱ２」には問題がありました。飛行中に徐々に判明していったのですが、データ処理系の動作が不安定で、そのまま投下しても観測できないことが懸念されていました。

ただ、通信機能は生きており、母船との間で距離測定ができることはわかっていました。コロラド大学のシアーズ先生たちと検討して、「ＭＩＮＥＲＶＡ‐Ⅱ２」を活かす方法として考えたのが、リュウグウを回る軌道にいったん載せるということでした。本来の使命は着陸機ですから、いずれ落とす。でも、落ちるまでに何回かは軌道を周回させるという方策です。シアーズ先生は、大昔、私がホストで宇宙科学研究所(宇宙研)に滞在してもらったこともある旧知の仲です。「はやぶさ」のときも重力場の解析で活躍していただきました。

「ＭＩＮＥＲＶＡ‐Ⅱ２」をリュウグウを回る軌道に載せる運用の目的は、その距離を計測して、ローバーの軌道を決めることでした。軌道を決められれば、軌道の変化からリュウグウの重力の場、内部構造を調べることができるのです。

球形の天体の重力は基本的に球対称なので、中心から同じ距離なら、どこで測っても強さは一様です。しかし、たとえば地球のような自転している天体だと、赤道部が膨らんでいて極方向には凹みますから、球体のように一様ではありません。それは周回する宇宙機の軌道に影響します。

もう少し細かく説明すると、重力の場の形というのは、天体そのものの形も細かく表現しているのです。非常に正確な重力の起伏の分布地図が作れます。さらにいうと、小惑星の形は光学的にも別途観測できますから、その形から計算される重力の場の情報と比較して違いを求めると、外見からはわからない、内部の質量分布、つまり内部の構造までがわかるのです。

実は形より、むしろ重力の場がわかるほうが重要だといえます。きな臭い話ですが、巡行ミサイルなどは低い高度で、地表面すれすれを飛んでいきます。そのような飛翔体で重要なのは、自分がどこを飛んでいるかを知ることです。重力に影響されて飛んでいる物体上では、自身では重力そのものは測定できません。ですから、機上に重力の計算モデル、数学モデルをもっていなくてはなりません。その計算モデルの精度は非常に重要で、これが単純な球形のモデルのままでは、すぐに外れてしまいます。飛行機で太平洋を横断して飛ぶときも使います。ＧＰＳがなくても到着地までの飛行情報を計算することができるのです。その正確なモデルを獲得することは、地上でも、防衛上、非常に重要なことなのです。地球についていえば、地球の周りにはたくさんの衛星が飛んでいますから、それらの軌道の変化を計測することで、地球に関する重力のモデルを非常に正確に把握できています。

話を戻すと、リュウグウの重力の場は、あまりわかっていません。「はやぶさ２」自体は、周回軌道に載っていないからで、ホバリングしていたからです。

わかっているのは画像を見て得た形だけです。計測できることは、そこまででした。形を基にして内部が均一だと仮定すると、重力のモデルが計算できます。しかし、内部が均一だという保証はどこにもありません。

そこで、実際に「ＭＩＮＥＲＶＡ‐Ⅱ２」にリュウグウを周回させて、その軌道変化を測り、均質という仮定で計算した重力モデルの下で予測される軌道と比較することで、その差からリュウグウの内部の密度分布がわかるわけです。表面のがれきの下の深いところに大きな岩塊があったり、大きな空隙あれば、質量の分布に影響が出ます。軌道がわかると重力の場がわかるわけです。そうすると、リュウグウのこのあたりが重くて、このあたりが軽いといったこともわかってくるのです。地球でも同じです。海洋底の地形だってわかります。こうしたことを調べるためには、天体を周回する軌道上に電波で距離が測れるプローブ（観測機）が必要になるのです。

幸い、「MINERVA-Ⅱ2」をリュウグウの軌道に載せることに成功しました。苦心もありました。「MINERVA-Ⅱ2」は表面に着陸するのがミッションです。その初期の目的は達成しなくてはいけません。そのため、いずれ必ず落ちるけれども、必ずある一定期間は周回するという、奇怪な軌道を探さなくてはならなかったわけです。その塩梅を見る軌道を計画し、それを使って電波での距離計測に成功しました。

精密に誘導する目印、ターゲットマーカー

この話は、残っていた2つのターゲットマーカー(3-16)とも関係があります。

ターゲットマーカーは、小惑星の表面に置く、着陸する際の目印です。人工的な目標を表面に投下することで、地形航法の弱点を補っています。目的地がどういう地形

(3-16) ターゲットマーカー
➡88万人の期待とともに（JAXA）

ターゲットマーカー。©JAXA

なのかを把握する画像処理は、画像の映り方などで大きく左右されます。そうした不確定性を排し、必ず「ここに目印がある」と知らせる方法として、ターゲットマーカーが開発されました。

ターゲットマーカーには、再帰反射シート(3-17)が貼ってあります。フラッシュランプを照射すると、照射した方向に光が返ってきます。そのため、必ず明るく見えるのです。交通誘導員の帯などにも使われていますね。鏡やミラーボールだと、真正面に向いた場所の小さな鏡だけが光るので、あまり明るくない、むしろ暗いのです。

ターゲットマーカーの開発は、いってみれば「いかに弾まないボールを作るか」でした。重力の小さいイトカワ表面にものを落としたら、何度も弾んで、動きっぱなしになってしまいます。

最初はお手玉の発想から始まりました。けれど、お手玉だとけっこう弾んでしまって、うまくいきませんでした。それなら次は鎖、タイヤチェーンを落としたらどうかなど、当初は非常に感覚的な議論と試行錯誤を繰り返しました。その後、それではダ

（3-17）再帰反射シート
➡タッチダウン成功の影の明るいヤツ
（惑星探査研究センター）

メだとわかったので、数学、物理を使った数値計算に切り替え、それで大きく進みました。最終的には「無重量実験施設」という落下実験棟(3-18)で計測して、弾まないことを証明しました。

ケースの中に、ガラスビーズを入れます。そのガラスビーズはどのくらいの大きさで、どのくらい入れたらよいのか。そのシミュレーションを繰り返しました。中のガラスビーズ同士で多重衝突を起こさせ、跳ね返るエネルギーを減衰させるのです。１００％入れては跳ね返りを低下させることはできません。

ターゲットマーカーの外側は、アルミの薄板でできた球殻です。硬い球殻にガラスビーズを一定の空隙を残して詰めて衝突させるというのは、数値計算から生まれた成果でした。

ターゲットマーカーのしくみ

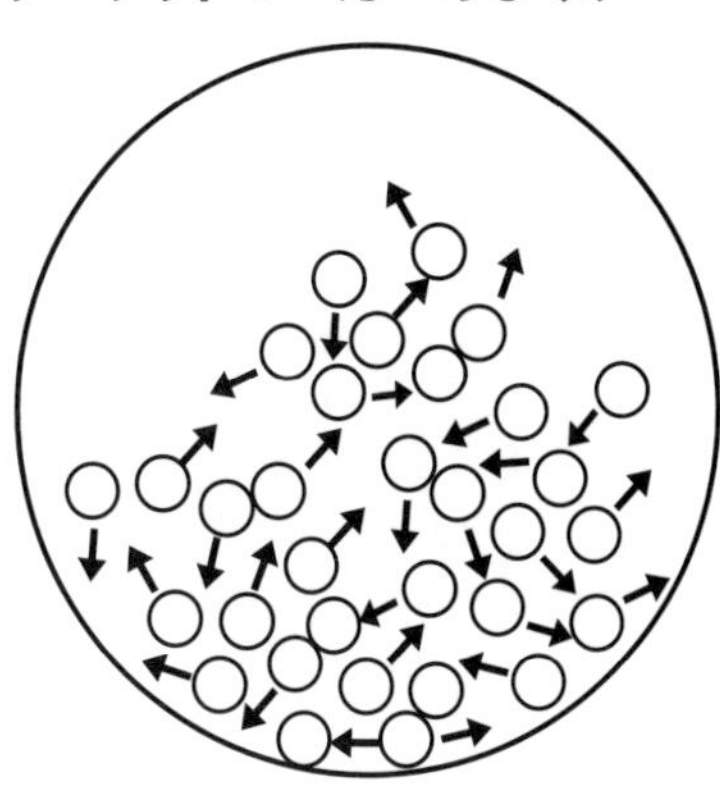

中のガラスビーズが互いにぶつかって、マーカー全体が跳ね返るエネルギーを減衰させる。

(3-18) 落下実験棟
➡ 植松電機「微小重力実験塔」
（北海道経済部）

残っていたターゲットマーカーを活用

「はやぶさ2」では、このターゲットマーカーが3個残っていました。本当は使わなくてもいいわけです。残ったターゲットマーカーをどうするかについては議論がありましたが、うまい活用法を思いつきました。

「MINERVA-Ⅱ2」を周回軌道に載せるには、当然リスクもありました。もともと重力の場が正確にわかっていないわけですから、もしかすると、すぐに落ちてしまうことも考えられます。

そこで、残っていたターゲットマーカー2個を、「MINERVA-Ⅱ2」に先行してリュウグウを周回する軌道に載せることにしたのです。ターゲットマーカーは電波は出さないし、距離も計測できません。でも、フラッシュをたくと、あるいはフラッシュをたかなくても探査機が太陽の光を背に受けていると、ターゲットマーカーに貼られた再帰反射シートが光を入射方向に返して反射しますから、「はやぶさ2」から確認できるわけです。距離はわからなくても、時々刻々と変化する方向がわかれば軌道がわかります。それを追跡することで、ターゲットマーカーがどういう軌道を回っているかもわかるのです。

空を見上げて、たとえば、ほうき星がやってきたとします。天文観測家が、そのほうき星の軌道をどうやって決めるかというと、距離を測っているのではありません。ほうき星が星座の中を動くので、星座との相対的な位置から、観測者からほうき星の方向を割り出しているのです。変化する方向情報をつかむと、軌道がわかります。

群馬県から浅間山と富士山と新宿を見るとします。自身が時々刻々場所を変えて移動しても、観測することで経路が割り出せます。角度がわかると、場所と経路、つまり軌道がわかるということです（96ページの「地形航法」参照）。

この方法によって、「ＭＩＮＥＲＶＡ‐Ⅱ２」を周回させるよりも前に、少しだけ正確な重力のモデルを獲得できました。この話は、あまり知られていない裏のストーリーです。

ところで、ＪＡＸＡでは、みんなさんのお名前をターゲットマーカーに載せるということで、応募していただきました。ターゲットマーカーは全部で5個あり、そのすべてにみなさんのお名前が載っていました。お約束通り、リュウグウの表面に降ろしたマーカーにも載っていましたから、ご安心ください。

低予算を補うために国際共同

やや大ぶりの着陸機、MASCOT[3-19]は、ドイツ航空宇宙センター[3-20]（DLR）、フランス国立宇宙研究センター[3-21]（CNES）との共同観測機です。

MASCOTの開発試用モデル。DLRとCNESが製作した小型着陸機。

科学観測での共同とは素晴らしい。よくそういわれます。たしかにそうですが、その原点はプロジェクト側の、背に腹は代えられない事情から始まったものでした。

「はやぶさ」は、NASA JPL[3-22]の小型探査ローバーを搭載する予定でした。これはカプセルを回収する支援の

(3-19) MASCOT
➡小型着陸機MASCOT (JAXA)

(3-20) ドイツ航空宇宙センター (DLR)
➡German Aerospace Center

(3-21) フランス国立宇宙研究センター (CNES)
➡Centre national d'études spatiales

(3-22) JPL
➡Jet Propulsion Laboratory (NASA)

バーターとして、日本側が輸送してデータを中継する、NASAとの共同アイテムの一つでした。ところが、NASAは「あんな日本のプロジェクトなんて実現できるわけはない」と考え始め、途中でローバーのプロジェクトを中止してしまったのです。そこには長いストーリーがありますが、ここでは省きます。ともかく、「はやぶさ」の機体には、そのNASAローバーを搭載できるよう、大きな横穴が開けてありました。結局、「はやぶさ」はその穴をふさがずに、そのまま打ち上がりました。

MASCOTに話を戻すと、「はやぶさ2」を立ち上げるとき、小惑星近傍での探査運用を拡充させるため、NASAのみではなく、欧州宇宙機関(3-23)（ESA）が所有する深宇宙探査用のアンテナを使いたい、と考えました。それなら、ESAと国際共同すればよいのでは？　と思われるかもしれません。ところが、ESAという組織は探査機開発や運用を行いますが、科学観測は欧州各国の宇宙機関や大学が担当するシステムがとられています。

そのためドイツやフランスと科学共同して、相手側の着陸機を小惑星まで運ぶ代わりに、ESAアンテナの利用経費を、ドイツ、フランスに負担してもらおうと画策し

(3-23) 欧州宇宙機関（ESA）
➡ The European Space Agency

たのです。ムシのよいことを考えていました。ドイツは、「ロゼッタ」に搭載された彗星着陸機「フィラエ」の開発実績もありました。そこでドイツ宇宙機関に提案して、MASCOTを搭載することになったわけです。ESAとの共同ではありませんでした。国際共同は美しい共同の体をしていますが、実際は交渉と駆け引きの世界の産物でもあります。

分離カメラのDCAM3

「はやぶさ2」には、DCAM3[3-24]という分離カメラ[3-25]を搭載しました。「はやぶさ2」はインパクタが作動する際、爆発の影響を避けるために、事前に小惑星の陰に退避します。しかし、そうなると、インパクタでクレーターを作る瞬間の重要な記録が残りません。そこでクレーターができるときの画像を撮影すべく、母船から分離するカメラを搭載しました。これが、DCA

分離カメラDCAM3。インパクタ衝突の瞬間を撮影。©JAXA

(3-24) DCAM3
➡DCAM3見参！（JAXA）

(3-25) 分離カメラ
➡「IKAROS」の分離カメラの撮影成功について（JAXA）

M3です。

実はこれには前例がありました。ソーラーセイル「イカロス」に搭載した、分離カメラです。ソーラーセイルは文字通り凧のような形状で、宇宙空間で非常に大きな膜面を展開します。しかしながら、はたして開いたかどうか。開いたらどういう形状なのかを確認する手段に悩んでいました。

そこで、カメラを搭載してはどうか、ということになりました。自画像を撮るわけです。しかし、「イカロス」はあまりに面積が大きいので、十分に離れたところからでないと自分自身を撮影できません。そのため、カメラを打ち出して分離させたのです。

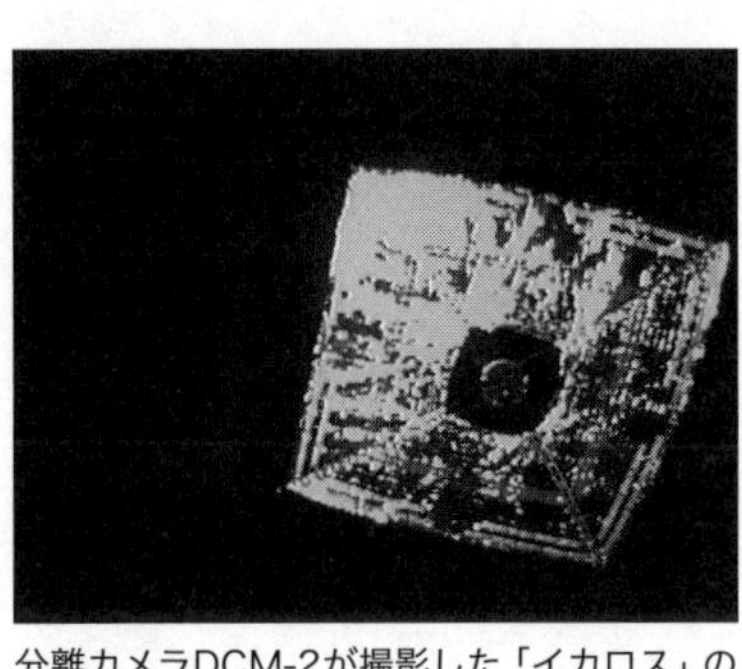
分離カメラDCM-2が撮影した「イカロス」の全体。©JAXA

「イカロス」には、これを2機搭載しました。その分離カメラからのパラパラ動画が、まさに衝撃として世界をかけめぐりました。素晴らしかったと思います。

イカロスの開発中は、これも開発担当の企業から、

「搭載する余裕はないので、降ろしてはどうか」とさんざん言われました。でも、心では決めていました。「絶対に載せる」と。「はやぶさ」での「ＭＩＮＥＲＶＡ」搭載と同じです。

この分離カメラで活躍した澤田弘崇君ら研究者が「はやぶさ２」でも大活躍してくれました。ラブルパイル型天体にクレーターができる過程と結果を、実際の実験を通じて確認できたわけです。珠玉の子機だと思っています。

それまでの発想を逆手にとり、イオンエンジンをメインエンジンに

「はやぶさ2」のメインエンジンは、もちろんイオンエンジン(3-26)です。「はやぶさ」と同じです。イオンエンジンという名前は画期的に聞こえますが、普通のロケットとメカニズムは同じです。ロケットの推力は、自身からガスなどの物質を高速で放り出すことによって、それと逆の反作用を受けて得られます。運動量保存のメカニズムです。イオンエンジンでは、放り出すものがイオンなのでイオンエンジンといいます。

放り投げるものの質量が多くなれば多くなるほど、放り出す速さは同じでも、得られる反作用(これが増速の効果です)が大きくなります。一方、放り出す質量が同じ、ないし少なくても、放り出す速さをものすごく速くすると、同じ増速の効果を得ることができます。燃費が向上するわけです。

(3-26) イオンエンジン
➡ マイクロ波放電式イオンエンジンの初期運用(日本航空宇宙学会論文集)

放り出す速さを速くするもっとも手っ取り早い方法は、ガスを高い温度で噴射させることです。高温にすることが本質で、ガスの音速が速くなるので、結局ノズルから排出される速さをどんどん高めていくことができます。燃やすことが目的ではなくて、高温のガスを作るために燃やすという手段を採用する。これが普通の化学のロケットエンジンです。

ガスを高速で排出させる方法は他にもあります。温度を上げなくても、電場を使って、電気の力でガスを高速に加速すればいいわけです。ガスは、普通は中性なので、電場をかけても加速されることはないのですが、わざわざガスの分子から外側の電子を剥ぎ取って、正に帯電させたイオンを作れば加速できます。中性ガスが電

イオンエンジンのしくみ

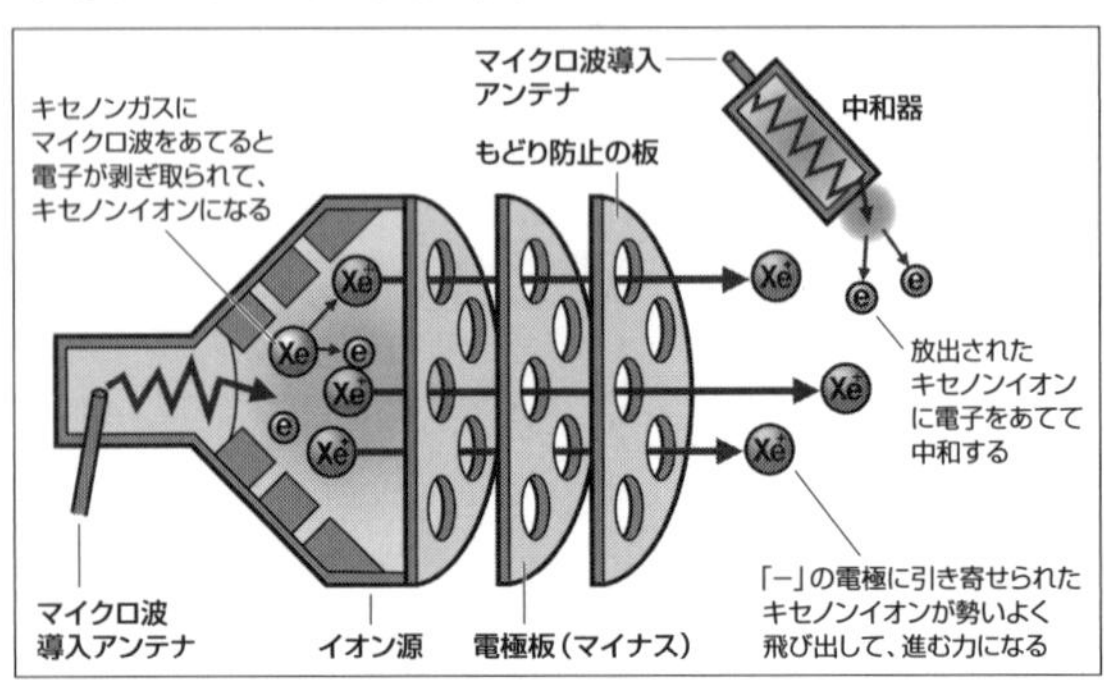

キセノンガスにマイクロ波をあてて、電子とキセノンイオンに分解。高い電圧で加速して噴射し、反作用として推力を得る。隣の中和器からは電子を出して、飛び出してきたキセノンイオンを中和する。これで本体がマイナスの電気を帯びるのを回避する。

子を剥ぎ取られて電子と一緒に存在する状態をプラズマといいます。

原子核を含んだ重いイオンを加速するよりも、電子のほうが軽いので、実は速い速さで出そうとするなら、電子を打ち出したほうがスピードは速くなります。ところが、力が出ないのです。スピードを速くすればいいじゃないかと思うかもしれませんが、さすがに電子は軽すぎて力が出ない。そこで、あえて重いイオンのほうを加速して、実用的なエンジンにしています。

燃費がとってもいいイオンエンジン

ものを燃やす代わりに電場を使って加速するので、化学的にものを燃やして得られる速さに比べて、加速できる速さが1桁速くなります。1桁速くなると、同じ増速をするのに必要な推進材・ガスの量が10分の1でいいということになります。これがイオンエンジンが高性能だという理由です。

非常に素晴らしいと思うかもしれませんが、電力が決められてしまうと、実は性能（燃費）をとるか、力をとるかを選択しなくてはなりません。性能を良くしようとすると、残念ながら力が非常に小さくなってしまいます。「はやぶさ」「はやぶさ2」のイオンエンジンで出している力は、1基あたり、たかだか10mN、1gです。手に1円玉1枚を乗せたくらいの力です。力は非常に小さいのです。

ただ、探査機が惑星間を飛んでいる間は、急いで加速する必要はありません。到着までの飛行には時間がかかりますが、その間は観測する必要がなく、電力も潤沢です。黙々とエンジンを運転していればいいわけです。したがって、イオンエンジンは惑星探査機を加速・減速するのに向いているのです。

「はやぶさ」以前には、こういう考え方はとれていませんでした。「イオンエンジンって、いったい何に使うんですか？」という感じでした。静止衛星の軌道のずれを修正する副推進機関として使うことしか実用化されていなかったのです。「はやぶさ」がその考え方をガラリと変えました。探査する対象に到着するまでは、時間と電力はたくさん余っているので、その間にイオンエンジンを使って、到着したらイオンエンジンを止めてしまえばいいのです。そういう使い方が、合理的です。「はやぶさ」ではじめてその構想を実現したわけです。

イオンエンジン航行とスウィングバイの併用は画期的

よく「はやぶさ」「はやぶさ2」のイオンエンジンは、どうして横方向についているのですか？　と聞かれます。地球より外側の惑星、小惑星に向かうには、エンジンは出口を太陽方向に向ければよいのではないか。おそらく、そう思っておられる方も多いことでしょう。

惑星間を航行するとき、外惑星空間に飛行するには、接線方向（地球の周回速度方向）に加速をします。そうすることで、軌道は楕円になって遠日点（楕円上で太陽から遠い点）までの距離が遠くなり、外惑星に届くようになるわけです。内惑星空間に向かう場合は逆で、接線方向に減速をさせます。ですから、イオンエンジンの出口は、太陽方向に垂直であるべき、ということになるわけです。

惑星間航行の概念図

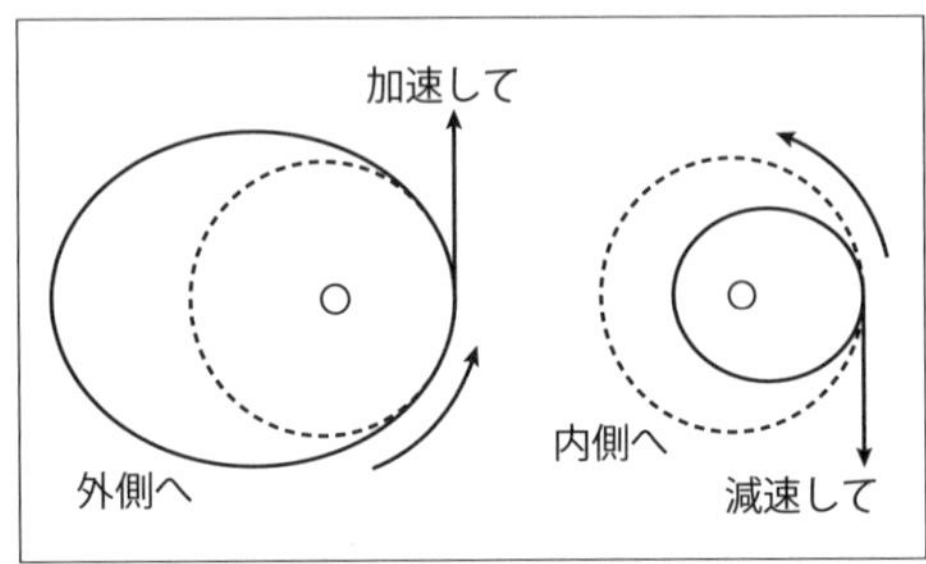

探査機を外惑星空間に向かわせる場合は接線方向に加速する。内惑星空間に向かわせる場合は、接線方向に減速させる。

「はやぶさ」は当初、地球から直接に小惑星１９８９ＭＬに向かわせる計画でした。十分狙えるだけのＭ-Ｖ型ロケットの輸送能力があったのです。しかし、「はやぶさ」を打ち上げる前の、天文衛星の打ち上げが失敗し、Ｍ-Ｖ型ロケットに対策の改修を行う必要が生じたため、違う小惑星（それがイトカワでした）に向かわせることになりました。ただ、もともと探査機は、もっとも行きやすい１９８９ＭＬに向けて設計を行っていたので、そのままではＭ-Ｖ型ロケットの輸送能力が不足でした。そこで、奥の手を使うことにしたのです。

それがスウィングバイ(3-27)を組み合わせることでした。ハレー彗星探査、月探査、火星探査機「のぞみ(3-28)」と、私たちはスウィングバイによる軌道操作の経験をだいぶ積んでいたので、その自信をもっていました。「のぞみ」では太陽潮汐力(3-29)まで使って、４体

(3-27) スウィングバイ
➡「スウィングバイ」と「万有引力の法則」(JAXA)

(3-28) のぞみ
➡「のぞみ」スウィングバイとその基本原理(JAXA)

問題の下で、加速操作を行っていました。

しかし、基本的にスウィングバイというのは弾道飛行技術で、重力で支配される軌道操作です。イオンエンジンでの航行は、非ケプラー運動（弾道飛行ではない）を行う操作ですから、いってみればジャンルが違う軌道操作技術なのです。この二つを組み合わせるということは、当初はあまり考えていませんでした。

しかし、M-V型ロケットの輸送能力の不足を補わなくてはいけません。イオンエンジンを使って、軌道エネルギーの増加分を貯金しておき、地球スウィングバイで、それを利息つきで引き出す軌道操作方法を考案しました。EDVEGA[3-30]（Electric Delta-V Earth Assist）法といいます。窮鼠ネコを噛むの発想でした。何がアイデアをもたらすかわからないものです。これは非常に有益な飛行方法で、他の惑星探査にも幅広く活用できる技法です。だからこそ「はやぶさ2」では当初からEDVEGAの利用を前提として飛行計画ができていました。

(3-29) 太陽潮汐力
➡潮汐について（RISE）

(3-30) EDVEGA
➡On the extended Electric Delta-V Earth Gravity Assist (EDVEGA) scheme to higher energy missions（JAXA）

光学情報との闘いから生まれた世界に誇る技術「地形航法」

「はやぶさ」ではもう一つ、窮鼠ネコを噛むの発想で、すばらしい航法が実用化されました。「地形航法[3-31]」です。この航法のおかげで精密な軌道制御が実現できたのです。初代「はやぶさ」は、この地形航法によって10m以内の精度で着陸ができていました。しかし、「はやぶさ2」のプロジェクトは、どういうわけか最初は50m半径くらいで着陸検討を始めていました。伝承がうまくいかなかったと思います。

もっとも、リュウグウでは半径10m以内の領域で着陸させようとしても、平坦な場所がほとんどなくて、場所探しは厳しかったわけですが。

(3-31) 地形航法
➡「はやぶさ2」の航法誘導制御における自動･自律機能
(人工知能29巻4号)

地形航法とはどんなものか？

地形航法というと難しそうですが、実はやっていることは簡単です。自分たちの町の上空、たとえば30ｍ、50ｍという高さでヘリコプターがホバリングしていると思ってください。暦（こよみ）さえ正しければ（時刻が与えられると、太陽直下の場所が決まります）、下の地面の場所が自転して動いてきてくれるわけですから、タイミングを狙って降下すればよいのです。そんなイメージで考えていただくとわかると思います。

問題は暦がいかに正確かということと、自分がどこにいるかを表面の住宅地を目標物と

地形航法の考え方

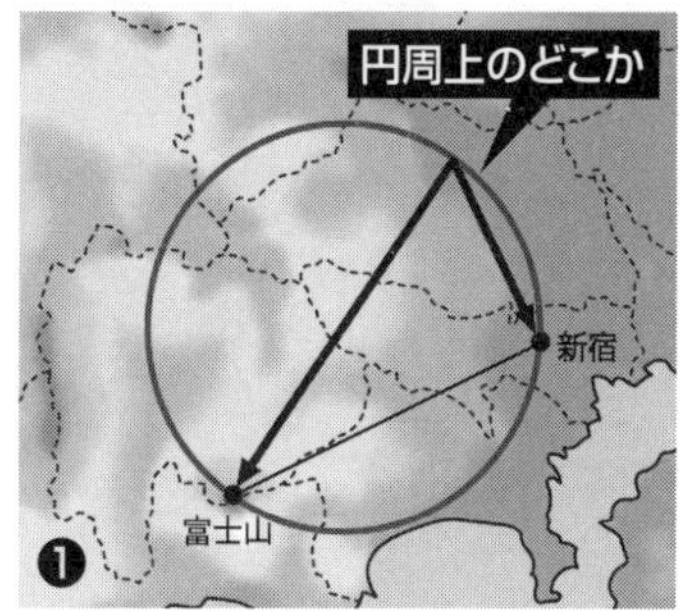

新宿と富士山の角度がわかると、新宿と富士山を「弦」とする円周上のどこかに自分がいるとわかる。

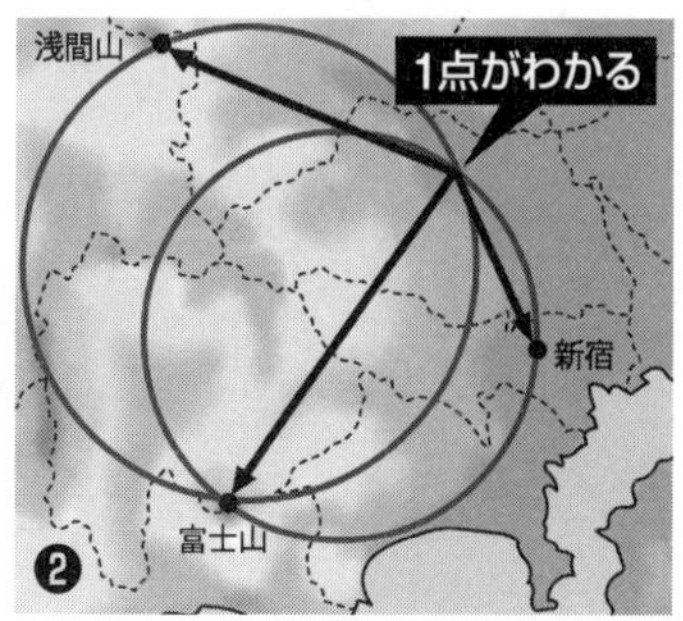

新宿と富士山の角度に加え、さらに富士山と浅間山の角度がわかると、自分のいる1点がわかる。

して、相対的に決めることです。

地形航法の原理は、三つの特徴点の間のなす角度を調べることで、自分がどこにいるのかがわかる、ということです。地形航法には、電波は使いません。にもかかわらず、非常に精度が高い航法です。

この地形航法を補い、最後の1m以内までの着陸精度を獲得するために開発されたのがターゲットマーカーです。地形航法だけでは、その精度は半径10m程度までです。これにターゲットマーカーを加えると、理屈では数十cm以内まで精度が向上するわけです。「はやぶさ2」では実際にその精度を達成できています。この地形航法+ターゲットマーカーは、確立された日本の技術として、世界で評価されています。

「はやぶさ」「はやぶさ2」とも、実際の運用では地上で地形の画像操作をして場所決めをしています。探査機から送られてきたデータを元に、地上で地形航法の推定をして、それに基づいて軌道をどう修正するかの指令を送信します。探査機から地上にデータが届くまでに15分くらいかかります。そこに処理を加えるわけです。結局、現地の状況から20分くらい遅れて軌道修正の指令を送信し、それがさらに15分くらいかけて探査機に届くことになります。往復で30分くらい時間がかかるということです。

木星探査や土星探査を同じ方法でやろうと思ったら、これはとても現実的ではありません。そのため、この地形航法の処理をなんとか探査機上でできないかという研究もしています。しかし、実際に遭遇する状況は、常に想定を超えています。ですから、これは非常に難しい。何が起きるかわからない、そんな状況でも必ず成功させなければいけないとしたら、非常に能力の高いロボット、つまりは人間がいる、というのが現状なのです。もちろん、将来はＡＩによる自動処理が可能になると思いますが。

光学での情報は役に立たなかった

「はやぶさ」には画像から航法データを得るプログラムがあらかじめ搭載されていました。ところが、ものの見事に最初の一発で蹴散らされてしまったのです。そのプログラムは、探査機から見て太陽側から接近すれば、小惑星の表面全体がちゃんと抽出されるだろうと想定して設計されていました。非常に素朴な前提で作られていたのです。

しかし、イトカワの表面を撮影した画像は、その表面がでこぼこなので、日が当たっているところと当たらないところが交互に現れる、まるで水球模様みたいなものになってしまいました。２値化したら、もう何を見ているのか、まったくわからなくなりました。

さらに、探査機が表面近くまで降りていくと、今度は「はやぶさ」自身の影が表面に写り、地図にはない模様も現れてきます。

したがって、「はやぶさ」「はやぶさ２」探査機では、残念ながら現地での自動での処理はあきらめました。確実性を優先したのです。

「はやぶさ」の当時、地形航法という言葉自体は世にありましたが、実際に使うことになるとは誰も想像していませんでした。白川健一さんらのご貢献です。叡智の結晶といいますか、背に腹は代えられないという状況に追い込まれたときに出てくるアイデアの顕著な例だと思います。世界中も驚いたでしょう。ＪＡＸＡとＮＡＳＡは技術協力をしているので、今やその技術は「オシリス・レックス」にも使われているはずです。

サンプラーは弾丸を撃ち出して舞い上がるサンプルを収集

「はやぶさ」を設計するとき、イトカワの表面の石は、いちばん細かくても神社の玉砂利くらいの大きさがあるに違いない。理論的にそう想定していました。イトカワが一枚岩の天体である可能性さえ想定していました。

小さい天体には、基本的に砂地はないはずなのです。なぜなら、天体に隕石などが衝突して破片ができると、小さい破片ほど速いスピードで飛び出します。砂のように細かい破片だと、天体の重力を脱して飛び去ってしまうわけです。小さい天体になればなるほど、重力は小さくなります。そのため、小さい砂は飛び出していってしまい、岩だらけになるはず。これが「はやぶさ」を設計していたころの常識でした。それは理論的に正しいのです。今でも、です。

イトカワに着陸して試料を収容する際に、相手が玉砂利では大きすぎて、スプーンではすくえません。そのため、「はやぶさ」のサンプルを採取する装置はスプーン方式ではダメだ、となりました。けれど、重力が非常に小さいので、カンカンとハンマーで叩き割るのは無理です。探査機が自分の機体を表面に縛り付けて固定しておくことができないと、ハンマーで叩けません。

最後にたどり着いた結論は、プロジェクタイル（弾丸）を表面に撃ち込み、生成される破片を容器で受け止める、という案でした。表面にかぶせた閉鎖した容器内に弾丸を撃つ、ということです。「弾丸を表面に撃ち、破片、粉にしたものを採取する」という方法なので、採取する効率は悪いですが、これなら岩を砂粒状にして、必ず採取できます。表面の状態によらず試料がとれる。相手が玄武岩の一枚岩でもとれる。それがこの方法の特徴です。現在は宇宙研を退官されて京都におられる藤原顕先生を中心にして、いろいろな議論を重ねて考案したものでした。１９９５年にグループで、特許を出願してい

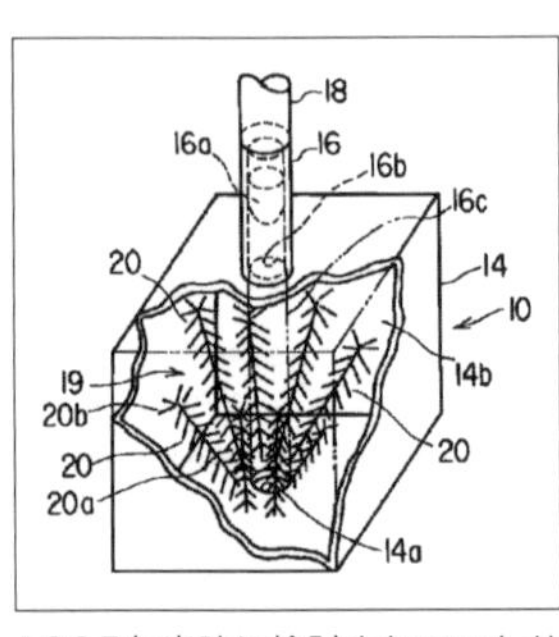

1995年当時に検討されていたサンプラーの図。

(3-32) レゴリス
➡レゴリス（日本天文学会）

ます。海外のミッションに先を越されないように、抑止力です。販売をするのが目的ではありません。

ですから、イトカワに着いたときにはみんな驚きました。「あれ？　レゴリス(3-32)のたまり場、砂地があるじゃないか」。この砂の海を「ミューゼスシー(3-33)（Sea）」と呼んでいました。「はやぶさ」の開発中の名前「MUSES-C」にちなんで、アルファベットの「C」を「SEA」と洒落たのです。その海を見たので、我々はすっかり騙されてしまったのです。「はやぶさ2」を打ち上げる前、暗黙のうちに信じていたかもしれないことは、レゴリス、要するに砂地の存在でした。

障害物センサーを降ろした「はやぶさ2」

「はやぶさ」では表面に降りるときに、障害物になるような岩があったらどうしよう。太陽電池を守らなくては……。ということで、障害物検知センサー(3-34)を積みました。太陽電池の下に岩があった場合に、非常離陸をさせる装置です。そのセンサー、「はやぶさ2」の設計では早々に外してしまいました。なぜかというと、「はやぶさ」では

(3-33) ミューゼスシー
➡HAYABUSA｜MUSES-C（JAXA）

(3-34) 障害物検知センサー
➡はやぶさ帰還カプセル特別公開（倉敷科学センター）

このセンサーが余計なものを検出してしまったからです。

表面からわずかに浮かび上がって漂っていたのかもしれない、きらきらしたレゴリスの破片みたいなものを、障害物として検出してしまいました。そのため、「はやぶさ2」を始めたときには、そのセンサーは無駄な装置だとみんなが信じていました。砂浜があるに違いない。表面は岩だけではないはずだ。そう思っていました。イトカワに騙されたのです。

だから「はやぶさ2」がリュウグウに着いたとき、みんな息を呑んで困ったのです。え？　岩だらけじゃないか。砂浜がどこにもない、と。そのとき私が思い出したことは、「障害物センサーって、外したよね？」でした。

「はやぶさ2」を作るときに、設計の最初からみんなが障害物検出センサーはいらないと盲信していたわけです。反省しなくちゃいけません。

幸い、「はやぶさ2」はうまく着陸できました。考え方次第かもしれませんが、仮に障害物検出センサーがあったら、着陸の直前にまた余計なものを検出して、中断していたかもしれません。結果を良いほうに解釈しておきたいところです。

「はやぶさ2」でもサンプラーホーンで採集

「はやぶさ2」でも試料の採集は、やはり弾丸を撃つ方法をとりました。

サンプラーホーンは、基本的に「はやぶさ」と同じ設計です。円筒形のホーンの中で弾丸（プロジェクタイル）を撃ち、舞い上がったサンプルは円筒に導かれて、それをキャッチャーで収集します。

サンプラーホーン。機体下側についており、先端が地表に触れたのを検出して、筒の中で弾丸を撃ち出す。©JAXA

サンプラーホーンの概念図

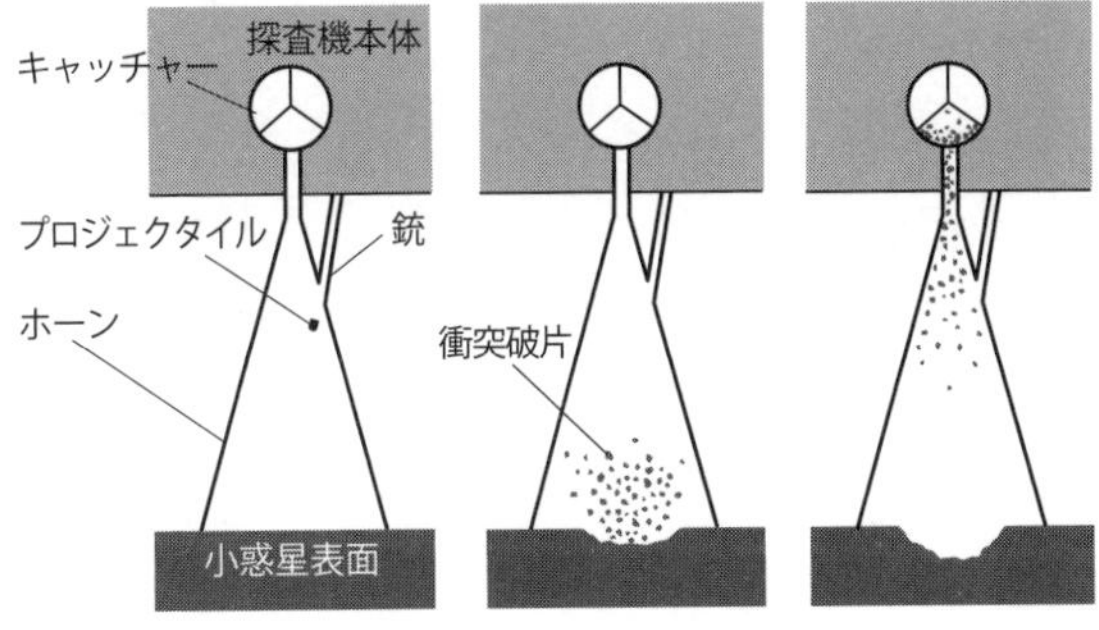

筒の中で小惑星の表面に向けて弾丸を撃ち、舞い上がったサンプルをキャッチャーで収集する（キャッチャー内の部屋割りは実際のものとは異なる）。

その弾丸を撃つ装置は、普通の鉄砲とは少し違います。普通の鉄砲は、弾を撃ったあとに、撃ち出した火薬のガスが出てきますね。ところが、「はやぶさ」「はやぶさ2」の場合はガスが出てきてはいけないのです。試料を汚染しないようにするためです。これが設計条件でした。

弾を撃ったガスが外に出てこないように特殊な鉄砲を作りました。うまい工夫がしてあります。「サボ」(3-35)といいますが、弾丸に装着するアダプターの一部がピストンになっていて、弾丸はピストンの内側前方についた構造になっています。弾丸はピストンに押されて飛び出しますが、そのピストンが出口に蓋をして、発射したガスがそこから出てこない特殊な構造をしています。それが「はやぶさ2」では2回のタッチダウンともちゃんと機能しました。とくに2回目はインパクタで作ったクレーターの付近にタッチダウンして、「純粋な」サンプルの採集に成功しています。小石までとれていました。素晴らしいことで、うれしく思っています。

カプセルには5gのサンプル、小石までも

(3-35) サボ
➡リュウグウに弾丸を撃ち込め！（JAXA）

「はやぶさ2」では、A室に第1回目のタッチダウンで採集した5gほどのサンプルが入っていました。C室には小石状のサンプルもありました。これは第2回目のタッチダウンで得られたものです。第2回目のタッチダウンはインパクタで作ったクレーター付近に着陸しています。インパクタが破砕してできた破片だから大きいのかもしれません。(3-36)

下のグラフは、「はやぶさ」の開発時代に実験で得られたもので、いくつかの対象に弾丸を撃って生成された破片の量を示したもの

「はやぶさ2」が帰還させたカプセルのC室内。リュウグウのサンプル。小石状のものも見える。

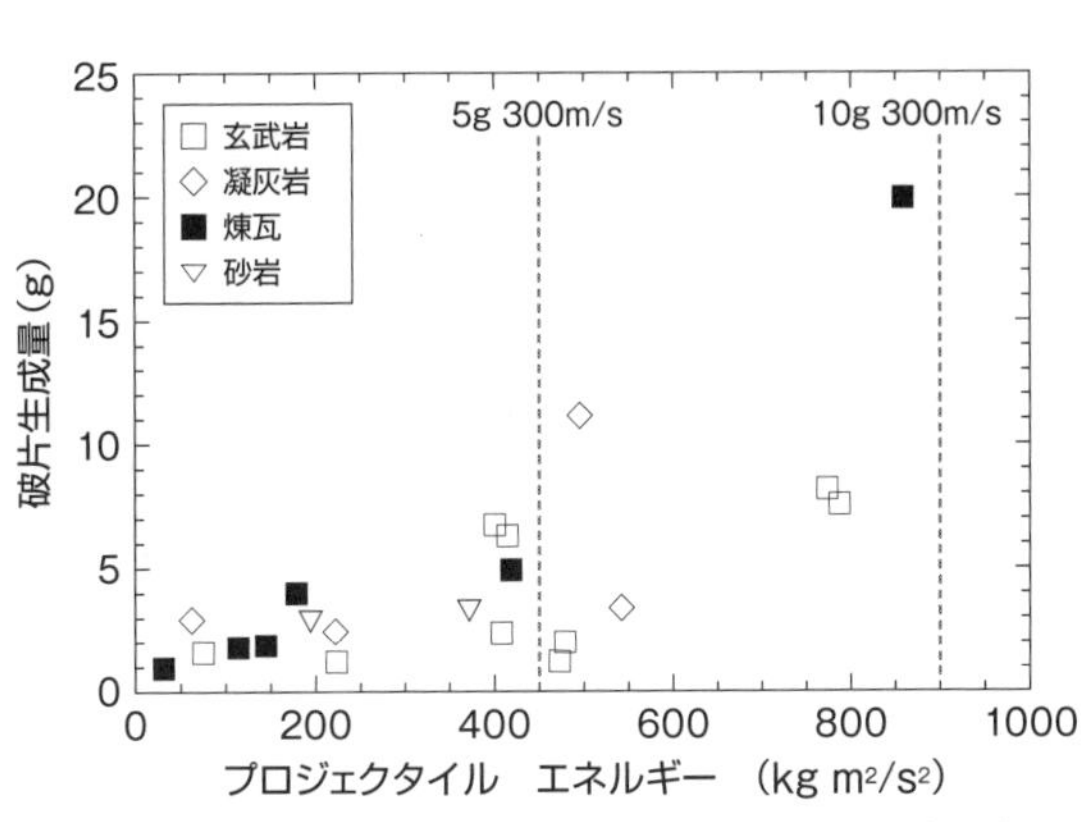

「はやぶさ」開発時に実験した、弾丸（プロジェクタイル）を撃って得られる破片の量を示したもの。

(3-36) サンプル
➡リュウグウサンプルの画像（JAXA）

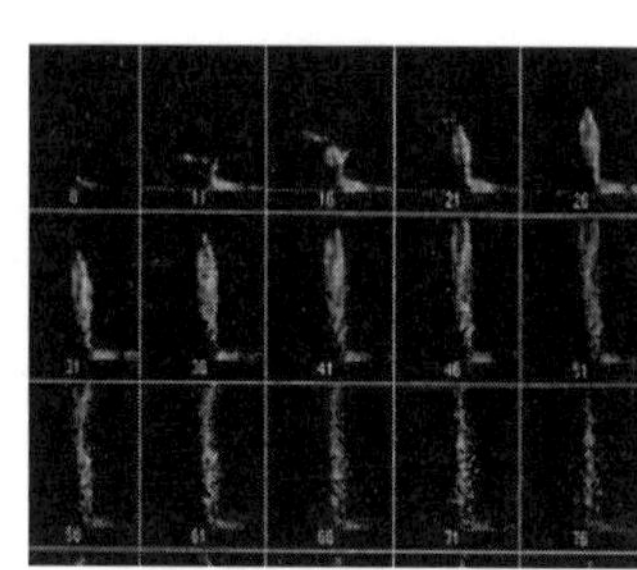

弾丸によって破片が飛び散る様子。「はやぶさ」開発時の実験より。

です。このグラフから、5gというのは、最大に近いことがわかります。搭載された弾丸は5gで、発射速度は毎秒300mです。煉瓦を対象にした場合に近いのでしょうか。リュウグウの表面の材料が、サンプラーにドンピシャだったということなのでしょう。本当に幸運でした。

弾丸を撃つと、破片は水面に王冠ができるように、四方に飛散するのではないかとお考えの方も多いでしょう。写真は、同様に「はやぶさ」のサンプラー開発時に撮影したもので、煉瓦に弾丸を撃ったときの破片が生成される様子です。破片はほぼ垂直に上昇しています。もちろん、砂（レゴリス）の場合は四方に飛び散るので、対象次第です。「はやぶさ2」のインパクタが衝突した際には、王冠状に飛散したことがわかっているので、場所によっても違うということでもあるでしょう。今回のサンプルの収量からすると、サンプルを採集したリュウグウの表面は、煉瓦風だったのかもしれません。

かなり背伸びをした惑星間軌道からの再突入カプセル

オーストラリアのウーメラ砂漠で回収されたカプセルには、リュウグウの黒い砂や1㎝ほどの石までが入っていました。カプセルも、基本的には「はやぶさ」のときと同様の設計です。大きさも同じです。

「はやぶさ」プロジェクトでもっとも難しかった課題の一つが、このカプセルでした。新規技術がてんこもりだったので、大変な苦労をしました。1995年にプロジェクトを提案したとき、日本ではまだ宇宙空間というか、地球周回の低高度の軌道上からでさえ、何かを降ろして、それを回収した経験は一度もなかったのです。本当です。

ですから、まったくめちゃくちゃな提案、はったりの計画といわれかねなかったわけです。地球を回る軌道上から帰ってくる場合、大気圏に突入する際の熱で真っ赤に焼けますが、それに耐える機体が必要です。アメリカのスミソニアン博物館には、黒焦げのアポロ宇宙船が展示してあります。それをはるかにしのぐくらいの熱量にさらされるのです。「はやぶさ」がやろうとしたのは、地球を回る低高度の軌道や、月からの軌道どころではなく、太陽を回る軌道から直接大気に飛び込んでくる流れ星みたいなカプセルを、回収しようというものでした。

ＪＡＸＡの前身の宇宙研が組織として進めているプロジェクトですから、やり遂げなくてはいけません。ミッションをやり遂げるためには、あえてカプセルは自前で作らなくてもいいとさえ覚悟していました。実際、耐熱カプセルを作る技術をもつロッキード・マーティン社に足を運び、その技術を購入しようともしました。今でこそお話しできることですが。防衛、国防技術の会社です。もちろん、分解してリバースエンジニアリングするのは許されませんから、日本に技術は残りません。それでもいいと覚悟していました。「はやぶさ」の帰還時に入ってくる加熱量は、速度の３乗に比例します。これは半端じゃない熱量です。防衛の技術では、それに耐える材料がすでに開発されていました。大陸間弾道ミサイルを覆う、強靭な耐熱材料です。この先端材料があってはじめて、大陸間の弾道ミサイルが成立するからです。

大陸間弾道ミサイルは浅く大気に入ってくると、分散が広くてどこに落ちるかわかりません。そのため、できるだけ深い角度で大気に突入させます。そうすることで、半径100m以内への着弾確率を高められるわけです。まさしく冷戦時代の産物です。深い角度で大気に突入するときには、すごい力がかかって、かつ、ものすごい熱量が加わります。その熱に耐える材料や技術が開発されていたわけです。しかし、もちろん、防衛の技術ですから、国際協定で輸出入が禁止されています。

日本にそんな技術があるわけがありません。その当時、私たち宇宙研がやっていたのは、弾道飛行する観測ロケットからのペイロードの回収でした。鹿児島から高度300㎞くらいの高さまで打ち上げて、そこからペイロードを切り離し、落として、太平洋上で回収するのです。この場合、加わる熱量はたいしたことがなく、金属でももちこたえられる程度です。それですら、回収に成功する確率は半々くらいの状態でした。パラシュートが開くのか開かないのか、というような技術課題も山積していました。そんなレベルだったのです。国内の技術はそんな状態でありながら、太陽を回る天体から直接大気に突っ込ませるカプセルを作ることを、MUSES‐Cプロジェクトは、「できる技術だ」と言っていたわけです。

とらぬタヌキでNASAと交渉

ロッキード・マーティン社と交渉しながらも、「はやぶさ」は技術実証プロジェクトなので、カプセルもなんとか自前で開発できないだろうかとも考え続けていました。

そこで、NASAと交渉を始めました。カプセルの技術を開発するには、試験をするアークヒーターという加熱風洞が必要です。大掛かりな高温の気流を発生する装置で、巨大な設備が必要でした。日本にも小型の実験装置はありましたが、とてもとてもそれでは足りません。NASAには、発電所一つが付属したような世界最大の高速高温気流装置（アーク風洞）(3-37)があります。

そのシリコンバレーにあるNASAのエイムズリサーチセンターにも出かけて行きました。でも、まっとうな手順を踏んで申し込んでも難航することは目に見えていましたから、センターに行っても無駄なことで、いきなりNASAの本部に行って交渉したのです。

どのように交渉したかというと、「はやぶさ」がもち帰ってくるかもしれないサン

(3-37) アーク風洞
➡Interaction Heating Facility（NASA）

プルを交渉材料にしました。そのサンプルの15%をNASAに永久に提供しますから、そのバーターとしてカプセルを試験する設備を使わせてくれともちかけたのです。サンプルリターンに成功するかどうかなんて、わかりません。これこそ、まったくの「とらぬ狸」です。本当に向こう見ずな、はったりでした。

寛大にもNASAは同意してくれて、それで自前でのカプセル開発を始めたのです。材料を何通りも試作して、カルフォルニアで試験をしたわけです。しかし、やはり、「防衛技術なので、試験場は貸すけれど、技術的な評価には参加できない」と言われました。いわば国の防衛機密ですから、これは当然です。それでも粘りました。「評価の会では何も発言しなくて結構です。その代わり、搭載できるレベルかどうかという質問には、イエス・ノーだけ答えてほしい」と。最終評価では、イエス・イエスと言ってもらえました。そんなふうにして、この材料でいけるという判定をNASAにもらったのです。

「はやぶさ2」のカプセル。写真では上部に写っている面から地球の大気圏に突入してくる。©JAXA

実際の「はやぶさ」カプセルは、かなりの過剰設計でした。「はやぶさ」の帰還したカプセルをご覧になった方はおわかりだと思いますが、耐熱剤がバリバリに分厚く残っていました。でも、これでいいのです。最適化はあとでよいのです。こういう経緯があって、現在の実用になるカプセルが存在している。それが重要なのです。

落下のパラシュートはどうやって開く?

サンプルを収めたカプセルは、前面と背面をそれぞれヒートシールドで覆われ、全体としてお椀のような形状になっています。ヒートシールドの表面の金色フィルムは、耐熱性とは関係ありません。飛行中のカプセルを適切な温度に保つための熱制御材です。降下中、火薬で前後のシートヒールドを吹き飛ばしてこじ開け、引き出されたパラシュートが開いて地上に落下するしくみです。

ヒートシールドのお椀の中は、長期の宇宙飛行で完全に真空です。降下中に急激に外圧が上昇しますから、通気孔はあっても、フタであるヒートシールドはしっかりと閉まっています。火薬でフタのヒートシールドを吹き飛ばしてこじ開けるのは、そのためです。パラシュートは通常の半球形キャノピーではありません。傘を開くときの衝撃を緩和させるため、布地の部分が十字型になっています。

では、パラシュートを開くタイミングをどのようにして計っていると思いますか？複合材のヒートシールドの中では、GPSは使えませんね。通気が追い付かないので、圧力計も使えません。大気密度の数学モデルは、太陽活動や地球の地磁気の活動などで大きく変化します。ですから、時刻を決めてパラシュートを開くのでは、うまくいきません。

カプセルとパラシュート展開

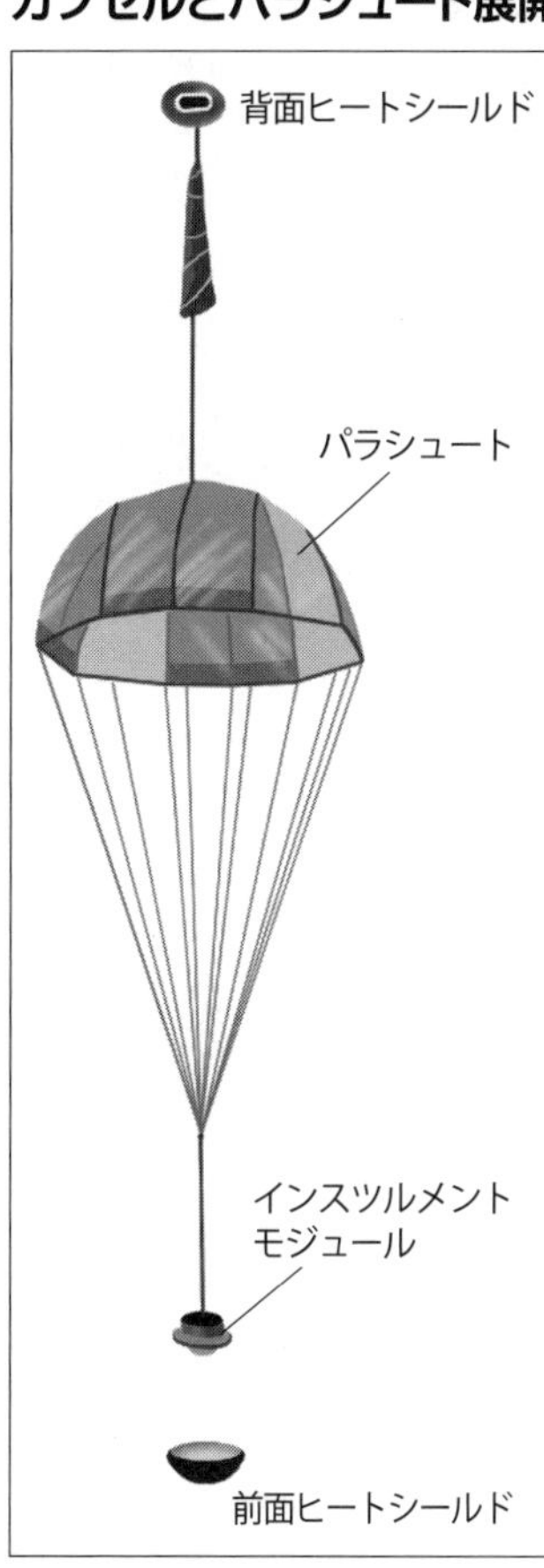

カプセルの前面・背面のヒートシールドを火薬で吹き飛ばしてこじ開け、サンプルを収めたインスツルメントモジュールはパラシュートで着地する。

答えは、最大の加速度（減速度）を計測した瞬間から、一定の時間を経過した時点で開くようにする、ことです。降下中のカプセルの方向を追い定める方位計測、通称、「方探」も、新たに開発しました。レーダーで追跡すべきと思うかもしれません。しかし、着陸予定域が広い場合、距離は遠いですから、パラシュートを開いたくらいの高度では、地面からの仰角はとても小さく、地面からの反射が複合するので、いわゆるレーダーでの捕捉が難しいのです。

そこで、「方探」の技術が生まれました。２並列のＵＨＦ八木アンテナで受信する方式は、宇宙研シニアの鎌田幸男さんが考案した方法でした。並列で受信すると、電波源の方向にシャープなヌルが出る（感度がゼロになる方向が現れる）性質を使っています。これも、あれやこれやのしくみを考えた創造の産物でした。

パラシュートを開く技術はまだまだ未完成

「はやぶさ」「はやぶさ２」では、長期間真空の状態にあったにもかかわらず、なんとかヒートシールド容器から、パラシュートをうまく放出できました。我々は、実はおそるおそるやっています。できるだけ容易に開けるようにと、ふわっと折りたたんでいるのです。感じとしては。エンジニアリングならぬ「感じニアリング」です。宇宙開発で重要なのは、なんとなくではなく、それを定量化することです。

アメリカのアポロ計画で月から帰ってきたカプセルでは、パラシュートをどうやって開かせたと思いますか？ 信じられないかもしれませんが、パラシュートの缶詰みたいなものを使っています。パラシュートの布を、決められた工程、寸法通りに、ものすごい圧力でギュウギュウに押し込んでいくのです。隙間もないほどに圧縮して容積を小さくしています。カチンコチンで、叩くとカンカンって音がするようなパラシュート缶詰を作っちゃうのです。それを、火薬を使って高圧のガスで大砲からぶっぱなし、パラシュートを開かせています。これも防衛用の技術（MORTAR(3-38)）です。

我々の「はやぶさ」や「はやぶさ2」で使っているパラシュートは、やんわりと穏やかに袋には入れていますが、決して固めていません。ぼんやりと包んであるだけなのです。エンジニアリング的にいうと、確実な管理ができていないという未熟さがあります。本当は、開かせるためには、収納された状態を一定に、再現性高く管理すべきで、そのためにはカチンコチンに固めたほうが有利なはずです。

(3-38) MORTAR
➡Parachute Mortar Design (ARC)

ですから、「はやぶさ2」でも無事に開いたから良いようなものの、まだまだ実力とはいえません。今後も研鑽を積まなくてはならない分野です。

外国の科学者をサンプル採集成功の証人に

カプセルは、それ自体が減速する装置でもあるのです。パラシュートでも減速しますが、カプセル自身で、ある速度まで減速するように、断面積と質量の比が適切に設計されています。そのため、前面側のヒートシールドはお椀のような形をしています。平たい形のほうが、減速に有利だからです。大気に突っ込んだあと減速して、毎秒数十mから100mくらいまで減速します。時速でいえば200kmから360kmくらいで落ちてくるようにするわけです。ですから、万が一、そのまま地表面にハードランディングしても、全損はまぬがれます。

実際にそういう例があったのです。NASAの探査機「スターダスト[3-39]」ではパラシュートが開かず、カプセルはアメリカのユタ州の回収場所だった演習場[3-40]の粘土にめり込みました（ちなみに、惑星間を飛行する軌道から、直接カプセルを大気圏に再突入

(3-39) スターダスト
➡Stardust（NASA）

(3-40) ユタ州の演習場
➡UTAH TEST AND TRAINING RANGE（SUWA）

させて、ユタ州に落とすという計画は「はやぶさ」が先に考案したものでした。しかし、アメリカに先を越されたのです）。

「スターダスト」のカプセルは、なんとパラシュートを開くためのセンサーの極性が逆で、配線が間違っていたのです。地面にめり込んだカプセルは大破して、バラバラになりました。それでも肝心な部分は無事で、それを元に解析が進み、大きな成果をあげました。

「はやぶさ」でも、たとえカプセルが地面に激突したとしても、中のサンプルはきっと解析に使えるはずだと思っていました。

ただ、そうなると話がややこしくなります。きっと、「カプセルはどこまで破損していたのか？」と尋ねられるでしょう。カプセルの回収でもっとも大事なことは、世界中から「正しい試料が帰還できた」と信じてもらえるかどうかです。それはたとえ、カプセルが破損しなくても、です。砂漠に行って回収したものが、ちゃんと信用されるだろうか。「砂漠で砂とか入れてきたんじゃないの」って、疑われないだろうか。実績に乏しい日本、我々は、懐疑的に見られていたはずです。

結局、どうしたかというと、現地に向かう第一陣の回収隊に、わざわざアメリカとオーストラリアの研究者にも加わってもらうことにしました。理由は簡単です。作業を見届ける「証人」にしたわけです。「はやぶさ2」でも同様に、両国の研究者にも行ってもらいました。プロジェクトは、科学や技術だけでまっとうされるわけではありません。

桜島の灰ではないと主張する

カプセルの中から砂粒が見つかったとき、いちばん言われそうな難くせは、「それって、打ち上げ前から入っていたんじゃないですか。たとえば、桜島の灰とか」ということでした。何を言われるかわかりません。そうではないと証明することも必要になります。

そこで、探査機内の試料収容部に小さなガラス片を置き、それに火山灰など何もついていないことを確認して、それから打ち上げました。ウィットネスプレートといいます。

戻ってきた試料を分析してみると、たとえていえば、りんごとオレンジが一緒に入っているような、地球上の火山などからは見つからない、ありえない組み合わせの物質が出てきました。そういう粒子が見つかったということは、回収された試料が地球起源のものではなく、完全に宇宙起源のものだということになります。これで懸念は払しょくされました。

「はやぶさ2」が帰還させたリュウグウのサンプル解析に期待が高まります。「はやぶさ」「はやぶさ2」ではいろんな心配をして、いろんな対策をしました。プロジェクトとは、そういう努力があってはじめて成功するものだと思います。

悔し涙を流したカプセル実証実験機「DASH」

「はやぶさ」カプセル開発の裏話をもう一つだけご紹介したいと思います。「はやぶさ2」の成果からすれば、想像もつかないような裏話です。

カプセル回収システムの開発で、最初に行った試験はごく簡単なものでした。パラシュートが開いて着陸するまでの間、回収を補助する電波が出ますが、それを受信する機能の確認です。大気球を使って、高度30㎞くらいまで上昇させ、そこから落下させて、ほぼ音速ぐらいの速度まで加速させて、カプセルのパラシュートを開かせ、降下させる実験でした。

実は、実際のシステムに近い、宇宙からの、幻の試験プロジェクトを実施していたのです。名前は「DASH（ダッシュ）(3-41)」といいます。何を目指したかというと、カプセルを高速

(3-41) DASH
➡DASH実験（ISAS）

再突入させる実証実験です。ちょうどH-IIAの試験2号機に実験機を載せて打ち上げる機会がありました。そこで「DASH」という50kg級のカプセルを搭載した小型衛星を載せて打ち出し、地上で回収しようとしました。これは「はやぶさ」のカプセルの機能を総合的に実証する試験機でした。

まず静止衛星に向かう軌道上の第2段ロケットから、主衛星の分離後に、カプセルを搭載した小型衛星「DASH」を切り離します。その小型衛星から、カプセルを地球上の指定した場所に向けて、「DASH」に搭載したロケットで再加速させ、パラシュートを開かせて地上での回収までを模擬するというものでした。しかし、残念ながら、これは失敗に終わりました。新聞記事にもなりませんでした。この実験に対する私の思い入れは大変強く、今でも悔しい気持ちでいっぱいです。

失敗した理由は、小型衛星「DASH」をロケット第2段から切り離せなかったのです。組み上げたとき、コネクタのピンの番号が間違っていました。これはとても悲しかった。この実験ができていれば、「はやぶさ」の打ち上げ前に、完全に技術の習得ができていたはずでした。例の防衛上の技術実証が、です。

「はやぶさ」は、この技術の実証と確認ができないまま打ち上げることになりました。

ぶっつけ本番でした。「DASH」は失敗したので、「実証実験が失敗し、技術の確認ができないままで打ち上げるのか？」といった圧力がありました。それにも抗弁して対応しなければなりませんでした。今では笑い話ですが……。完成したシステムの試験はできなかったけれど、個別の耐熱材料やパラシュート系は確認できている。そう説明をして納得してもらいました。

モーリタニアの留学生を探せ!?

「DASH」実験カプセルの回収場所として予定されたのは、アフリカ西部のモーリタニア(3-42)の砂漠です。砂漠の3か所に回収部隊を展開して、パラシュートが開いたあとのビーコンの電波を待ち受けさせました。方法は、「はやぶさ」「はやぶさ2」と同じです。回収部隊を砂漠に展開しましたが、そもそも打ち上げたロケットの第2段目から小型衛星が切り離されなかったので、まったくの徒労に終わりました。

実は、日本とモーリタニアとの間には、それまでほとんど科学技術での交流はありませんでした。この「DASH」プロジェクトで最初にやったことは、日本に来てい

(3-42) モーリタニア
➡はやぶさ開発秘話
(ディレクトフォース)

るモーリタニアからの留学生を探すことでした。気が遠くなるような話ですよね。

モーリタニアを選んだのには、静止軌道へ向かう軌道がドリフトしていき、地理学的に回収に適していたためです。ただ、もう一つ理由がありました。親日的な国なのです。大西洋でマグロ漁船などの基地になっていて、日本に海産物を輸出していたのです。そして、アフリカ西域で唯一政治が安定していたこともメリットでした。

しかしながら、まるで雲をつかむような話でした。留学生を探すところから始めて、コンタクト先を探し出し、そこと交渉をしました。ヘリコプターをフランスから運んできたり……。すごいことをやっていました。

宇宙研の安部隆士先生には、ずいぶんご迷惑をおかけしました。「これは絶対にやらなくては」という強い気持ちからでした。それまでまったく縁もゆかりもなかった国、地域と、ヘリコプターを始めさまざまな手配や交渉など、ずいぶん動いていただきました。森田泰弘君には小型衛星「DASH」プロジェクトの代表をしてもらいました。ずいぶん苦労をかけたと思います。実は、こういう活動こそが、真に新たな挑戦なのだと思います。私もずいぶん頑張りました。それだけに、失敗に終わったときの衝撃は大きかった。本当に泣きました。

努力があったからこそ「はやぶさ」の成功がある

モーリタニアのほうでは、今にもカプセルが再突入してくるものだと思って準備していました。打ち上げから再突入までは1週間くらいしかありませんから、回収スタッフはあらかじめ現地入りしていなければなりません。現地はすごいところです。汁が目に入ると目が潰れる草があったり、石をひっくり返すとサソリがいたり……。出かけていただいた方々には、かなりのカルチャーショックを与えてしまったかもしれません。「DASH」計画を首謀したのは、何を隠そう、私でした。かくいう私は、実は、モーリタニアに行っていない、行けてないのです。逃げたわけではありません。モーリタニアに行くためには予防接種が必要でした。気づいたときには、もう間に合わないタイミングだったのです。

日本の宇宙研からは、かなりの人に行ってもらいました。30人以上でしょうか。すごい話だと思います。モーリタニアの首都ヌアクショットは大西洋岸にあります。そこから陸路800㎞、未舗装の道を突貫で車で移動してもらいました。飛行機はありません。モーリタニアの政府を通じて現地の村人などに協力してもらい、宿泊と追跡キャンプのお世話もしていただきました。前代未聞のアフリカとの科学技術共同プロジェクトでした。ダイナミックというか、実際はとんでもない話だったかったかもしれません。

しかしながら、その大きな努力のかいがあって、「はやぶさ」が成功し、また今回「はやぶさ2」のカプセルが帰ってきたのです。お金の問題というより、そのアクティビティに対するみなさんの意地、意気込み、それがあってこそです。宝だと思います。本当にたいへんな話で、たくさんの方たちに感謝してもしきれないほどです。

そして、これらはぜひ若い人たち、次世代の宇宙開発を担う人たちにも経験してほしいことです。煙も立ってないところの相手に対して、自ら拓いて歩き、交渉をすることです。そうしてこそ、プロジェクトは動くのです。

「DASH」プロジェクト代表の森田泰弘君（左端）と太刀川純孝君（右端）、そして現地の人々。「ISASニュース」（JAXA）より。

宇宙開発を通じて、多くの技術や製品が社会を支えている

宇宙開発、宇宙探査が、どのように私たちの社会の技術や製品に結び付いているのか、お話ししておきたいと思います。宇宙開発は総合技術なので枚挙にいとまがありませんが、ごく一部を紹介します。

「はやぶさ」「はやぶさ2」のイオンエンジンですが、これらは成膜技術として、たとえばマグネトロンスパッタ(3-43)などに共通する技術です。その高性能化、長寿命化は、成膜技術を用いたプラズマディスプレイや光ディスクなどの先進デバイス産業に直結しています。

そして再突入カプセルの耐熱材料の技術は、ガスタービンなどによる発電性能の向上やジェットエンジンに応用される技術でもあります。

（3-43）マグネトロンスパッタ
➡RFマグネトロンスパッタ装置

（3-44）あやまり訂正符号化技術
➡誤り訂正符号化技術の歴史（映像メディア学会誌）

また、現在、８Kハイビジョン放送など、大量のデータを基にした放送が開始されています。５Gを介して動画を正確に伝送できていたりしますが、これらを支えている技術の核心は、あやまり訂正符号化技術(3-44)です。雑音などでデータが乱れてしまった結果から、誤った箇所を検出して、それを自動で修復するわけです。

これは必ずしも宇宙開発が先導したわけではありませんが、とくに惑星探査では、非常に微弱な信号列から正確に元の信号を再生する必要があります。そうした必要性から、この技術分野の進展を大きくけん引してきました。圧縮や解凍技術(3-45)も同様で、非常に細い伝送回線を通じてデータをやりとりするために必須の技術でした。それが、今日の情報通信技術（Information and Communication Technology, ICT）を支えているわけです。

さらに、人工衛星、探査機は、いわば自己完結した電力管理を必要とします。そのため、太陽電池や燃料電池、そしてリチウムイオン電池を活用しています。「はやぶさ」は、実は世界ではじめて、宇宙機にリチウムイオン電池(3-46)を搭載した探査機でした。「イカロス」で搭載した薄膜太陽電池(3-47)は、ロール・ツー・ロールでの太陽電池の低コスト化、大量生産につながるものです。これらは再生可能エネルギーの活用という点で、我々

(3-45) 圧縮や解凍技術
➡圧縮と解凍

(3-46) リチウムイオン電池
➡多様化するミッションに向けた蓄電技術（JAXA）

の生活に密着しています。

「はやぶさ」「はやぶさ2」では、電力消費の変動でイオンエンジンの運転に影響が出ることを極力抑えるため、ヒーター電力消費の平坦化（ピークカット）を実施しています。これは、地上でのスマートグリッド、エネルギーマネジメント技術でもあるわけです。ゼロエネルギー住宅に通ずるといえるでしょう。

（3-47）薄膜太陽電池
➡IKAROSの薄膜太陽電池ミッション
（日本航空宇宙学会誌）

第4章

宇宙資源を活用する時代の幕開け

アメリカは宇宙資源について「採掘利用した人に権利がある」と法制定

アメリカのオバマ元大統領は、退任の1年前、ある法律に署名をしました。宇宙に関する商業と産業の発展を目指したもので、通称「2015年宇宙法(4-1)」と呼ばれます(正式名称はU.S. Commercial Space Launch Competitiveness Act)。この中でもっとも注目されるのは「小惑星資源と宇宙資源に関する権利(4-2)」に関する記述です。その法律を訳すると、「小惑星、宇宙資源を商業的に採掘利用(commercial recovery)する米国民は、その資源に、占有、所持、輸送、使用、販売を含めた権利を得るものとします。」と定められています。

とんでもないことをいうなと思われるかもしれません。しかし、権利を認めなければ、誰もリスクを冒してそれを求めようとはしないでしょう。でも、〝ビジネスを始

(4-1) 2015年宇宙法
➡Legal Analysis of National Space Legislation for the Exploitation of Space Resources (Yuri TAKAYA (Ph.D.))

めたらその資源を自由に利用できる〟となったら、話はまったく変わってきます。仮にどこかの天体で高値で取引される金属が見つかったら、それを求める人が押し寄せるような時代がくるかもしれません。まるでゴールドラッシュのように。

宇宙の利用に関する国際協定「月協定(4-3)」を、アメリカは批准していません（アメリカだけでなく、先進国はどこも批准していません）。「月協定」は、宇宙の利用に関する協定です。「月」とありますが、最初に「他の天体にも適用する」とあって、利用に関する宇宙協定という位置づけです。

「月協定」は大変進歩的な内容で、宇宙資源に関しては、自由競争による資源開発を禁止していますが、国際制度を設置して共同開発することは認めています。探査で先駆的な貢献をした国には、特別な考慮が払われると書いてあるのです。

ですから、本来なら先進国も批准してもよいはずです。しかし、規制を受けたくない、自由度を残しておこうという思惑から、批准せずにいるのです。

アメリカの宇宙資源に関する法律と、大統領の署名は、世界中の法律学者から賛美の声があがりました。オバマ元大統領が署名したその法律は、アメリカが批准していなかった「月協定」にのっとったものだったからです。

(4-3) 月協定
➡月その他の天体における国家活動を律する協定（JAXA）

(4-2) 宇宙資源
➡月宇宙資源、所有権認める 民間参入促進へ法案骨子―自民（JIJI.COM）

仮にこれが日本だったら、おそらくは「国際合意が先だ」ということになるでしょう。他国の出方を見てそれに倣う、それがパターンです。しかし、これこそが、国際的にリーダーシップをとれない根源です。

「はやぶさ」の帰還が発したメッセージは明瞭です。「宇宙から資源はもち帰れる」、です。

これをきっかけに、欧米にはたくさんの宇宙不動産会社ができました。しかし、日本には1社もできていません。これはつまり、「いずれ国際合意ができる。そのときに、応分の権利を主張するのに出遅れないようにしよう」といった、自らを先取りする考え方が日本人はとれないでいるということです。そろそろ改めてもいいのではないでしょうか。自らのポリシーを定めて行動に出るべきです。

小惑星は多かれ少なかれ資源の塊です。ある種の小惑星は金属の宝庫でもあります。小惑星などの宇宙資源を人類が利用する日は、遠くない将来に必ずやってきます。今、私たちは宇宙資源を利用する時代の幕開けに立ち会っているといえます。「はやぶさ」そして「はやぶさ2」が、その扉を開いたのです。

この章では、宇宙資源の利用についてお話ししたいと思います。

小惑星は鉱物資源の宝庫！これを利用する日がやってくる

小惑星にはさまざまなタイプがあります。代表的なのは、岩石質で構成されているS型、炭素系の物質で構成されるC型、そして金属質のM型です。他にも、より始原的な物質で構成されていると推定されるP型、D型があります。

金属、メタル質のM型小惑星[4-4]は、将来の宇宙資源、鉱物資源(Space Mineral Resources)としても注目されます。M型小惑星というのは、いってみれば金属のかたまりです。なぜ、金属のかたまりの小惑星が存在すると断言できるのかというと、地球の上に鉄隕石[4-5]が落ちてきているからです。

(4-5) 鉄隕石
➡Iron meteorites (Arizona State University)

(4-4) M型小惑星
➡M-Type asteroids: primitive, metallic, or both? (NASA/JPL-Caltech)

ヒッタイト文明以前に人類は鉄器を知っていた

地球上には、かなり古くからあちこちに製鉄文明(4-6)があったといわれています。世界史の教科書に出てくる有名なヒッタイト文明(4-6)（前17世紀前半にアナトリアに古王国を建設）もそうです。彼らは、製鉄技術を偶然に発見したのかもしれません。製鉄法は、その文明がひた隠しにしていた「特許」、秘密の技術でした。どこにもその技術を漏らさないようにしていたのです。

鉄鉱石から鉄を作るのは、かなり高度な技術です。鉄鉱石を加熱すれば鉄が流れ出てくるというような簡単なことではありません。地上にある鉄鉱石というのは鉄の酸化物です。つまり、鉄を元素として含んでいるけれど、鉄ではない。鉄鉱石を火にかけてどんどん熱くしていっても、酸化物はそれ以上酸化されることはありませんから、そのままです。

鉄鉱石から鉄を得るには、鉄鉱石を炭と一緒に混ぜて加熱し、高温下で反応させます。炭素がたくさんある状態で鉄鉱石を加熱すると、炭素が鉄鉱石に結び付いている

(4-6) 製鉄文明、ヒッタイト文明
➡ 製鉄の起源を探る（NHK）

(4-7) 還元
➡ 月資源利用技術について（九州大学 大学院工学研究院）

酸素をつかんで引っ張り出してくれる。取り除いてくれるわけです。

製鉄とは、こうして鉄鉱石から酸素が取り除かれて金属の鉄が残るという化学反応を使っています。これを「還元[4-7]」といいます。この還元の技術を使わないと、地球上の鉄鉱石から金属鉄は得られないのです。

ところが、ヒッタイト文明が起こるより前に、鉄器の刀や盾が作られていました。製鉄文明もないのに、どうやって鉄器を作ったのか。実はできるのです。地球の表面に、鉄隕石が落ちているからです。鉄隕石はまったくの金属の鉄、正確にはニッケルを含む合金ですから、これを集めて加熱すると鉄の合金ができます。それを溶かして成型すれば鉄器ができるのです。

では、その鉄隕石はどこからきたのか。それは宇宙から飛んできたわけです。地球上にある鉄はすべて酸化されますから、金属鉄があったとすると、それは宇宙からきた鉄隕石だったろうと推測されるわけです。

地球に落ちてくる隕石には、鉄隕石と、石鉄隕石[4-8]と、石質隕石[4-8]があります。つまり、鉄と、石と鉄と、石とに分かれます。

(4-8) 石鉄隕石、石質隕石
➡ METEORITE FALLS
(Astromaterials Research and Exploration Science)

鉄隕石は、鉄とニッケルでできていますが、他にもいろんな鉱物を含んでいます。ある種の鉱脈のようなものです。非常に含有率が高い、良質な鉱脈の石が落ちてくるようなものといえます。

ナミビア・オチョソンデュパ州の「ホバ隕石」は、世界でもっとも重い鉄隕石といわれる。

　こうした鉄隕石が落ちてくるということは、宇宙空間には鉄のかたまり、金属のかたまりがたくさん飛んでいることを証明してくれています。宇宙には、鉄隕石そのもののかたまりや、あるいは鉄隕石の素となった破片が寄せ集まってできたような天体があるはずだと推測できるのです。それがM型小惑星の姿だろうと推測されています。

　このM型惑星は、いってみれば宇宙空間に浮かぶ天然の精錬所です。地上の精錬所では、鉱石から資源である金属を取り出すために、破砕から選鉱など何段階もの工程が必要です。最後は還元などの化学反応や電気分解を行います。しかし、宇宙には、そういった複雑な精錬工程を行わなくてもよい金属の天体があるのです。将来は、その資源を利用することになる可能性のある天体ということで、有望視されています。

「サイキ」によるM型小惑星の探査

ＮＡＳＡが近々打ち上げる予定の「サイキ（Psyche）」(4-9)という小惑星探査機がありま す。「サイキ」（プシュケ）というのは、陶酔状態を指すサイケデリックという言葉と同義です。ギリシャ神話に出てくる美しい娘の名前だといわれています。ヒチコックの「サイコ」も同じですが、精神・魂を意味します。

探査機「サイキ」はM型小惑星を目指すということで、非常に注目されています。人類がはじめて見るM型小惑星とは、どんなものなのか。おそらく、半分は砂や岩なのでしょう。石英質の破片です。金属質の破片も、多分そこにごちゃまぜになっていると思われます。

M型小惑星の金属がどういう状態にあるかがわかれば、将来、そこから資源をもち帰って利用することにつながります。どうやったら採掘できるかのヒントが得られることになりますから、すごくワクワクします。

(4-9) サイキ (Psyche)
➡Mission（NASA）

無数の小惑星はどのようにできたのか

小惑星はどうやってできたのか。これは、さまざまに推測されています。直径が数十kmもあるような小惑星では、重力によって、構成している材料はぎゅうぎゅうと押し込まれて中の圧力が高くなり、砕けるものは砕けて、溶け出すものも現れます。中心部に重い物質が沈み、表面に軽いもの、つまり石英質の石が浮かんで……というメカニズムによって、層を成すようになります。中心部には鉄を主としたコア（核）ができます（直径が数十kmより小さいと、層はできないようです）。

この層に分かれることを、「分化」といいます。分化するくらい大きくなった天体が、別の天体と衝突するとします。当然、天体は砕けてバラバラになりますね。そうすると、その破片の中には、真ん中のコアの部分だけがバラバラになって飛ぶものも出てくると推定されています。石英質の石ころの小惑星（石質隕石）や、鉄が主の金属だけの小惑星……そういったものが、バラバラとできあがるわけです。

その破片のうち、鉄などの金属をたくさん含んでいるような天体が、M型小惑星だろうと考えられています。

小惑星にはどんな金属がある？

宇宙でもっとも豊富な元素は鉄です。恒星の核融合がどんどん進んでいくと、最後の安定状態は鉄になるからです。

小惑星にレアメタルはありそうですか？　と聞かれますが、「レアメタル」という言葉は、定義が非常にあいまいです。「希少」ということなら、金やウランといった重い元素だけではなく、軽い金属もレアです。たとえば、いちばん軽い元素の一つであるリチウム(4-10)は、地球上では豊富ですが、実はレアなのです。なぜかといえば、純粋に金属として存在するのが難しい物質だからです。しかし、軽いものは天体のいちばん表面にありますから、地球の表面には豊富にあるわけです。

(4-10) リチウム
➡ビッグバン元素合成（日本天文学会）

熱水鉱床ができるしくみ

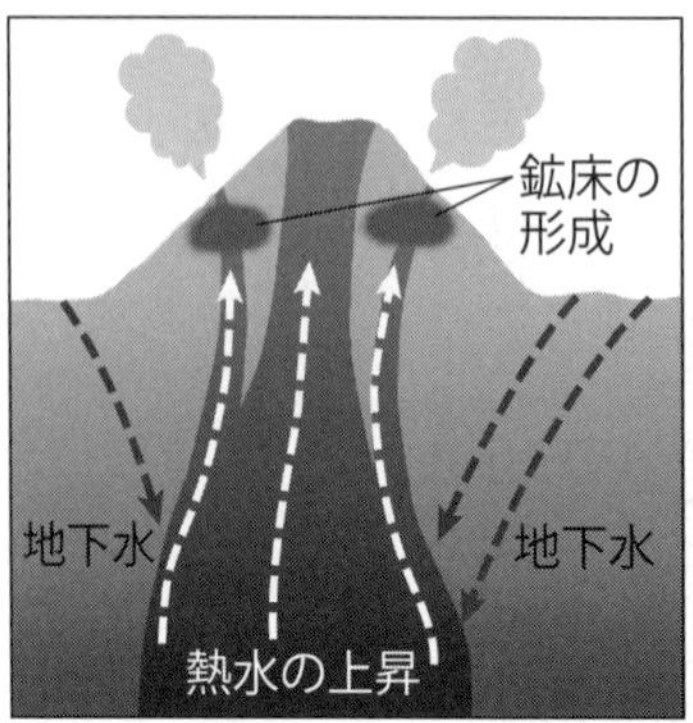

マグマの熱で高温になった地下水が鉄を溶かす。その熱水が地表近くまで運ばれて、鉱床を形作る。雨水などにより山が侵食されて、鉱床の一部が地表に露出する。

その反対に、重い元素は沈んでしまいます。鉄の元素は重いために沈んでしまいそうですが、意外に地球の表面にあります。これは、鉄は酸素と結び付きやすいことに理由があります。

地球の表層に近い領域には水があります。その水がマグマ活動で加熱された領域を通るときに、鉄を溶かすわけです。熱水によって鉄イオンが抽出されて地球の表面に運ばれ、酸素と結び付いて鉄鉱石になったりして、鉱脈ができます。これを熱水鉱床(4-11)といいます。酸素と結び付くと、形が手を大きく広げた状態になるといいますか、面積や容積が大きくなって、沈みにくくなるのです。地球の表面に鉱脈があり、鉄の元素

(4-11) 熱水鉱床
➡ 熱水性鉱床(山口大学工学部)

も多いのは、そういうメカニズムによります。

重い元素で典型的なレアメタルというと、白金のような元素になります。金や白金族など貴金属と呼ばれるものの元素は「酸素と結び付きにくい重い元素」です。そのため、「下に沈んでいて少ない」のです。たとえば、カナダにはニッケルの産出で有名なサドベリー鉱山(4-12)があります。ここは、有史以前に小天体が衝突してマントル層まで露頭した痕跡だと推定されています。本来、ニッケルは地球深部に沈み込んでいるわけです。一方、酸素と結び付きやすい金属はすぐに色がくすんでしまって、見栄えの価値がなくなってしまいます。

鉄隕石のかたまりには、さらに重いレアメタルの元素がたくさん入っています。ですから、鉄隕石からは鉄だけがとれるのではなくて、さまざまな種類のレアメタルがとれることになります。

実はイトカワなどS型の小惑星も、レアメタルをたくさん含んでいます。それは一見すると奇妙に思えるかもしれません。「地球の表面にある石英質の岩石には、レアメタルが少ない。だから〝レア〟なのでしょう?」、そう思われるかもしれません。であれば、S型など石英質の小惑星にも、レアメタルはないということになります。

(4-12) サドベリー鉱山
➡The mining history of the Sudbury area
(University of Waterloo)

しかし、小惑星ができる過程を考えると、わかっていただけると思います。天体がそれほど大きくない段階では、重い元素も沈まずに、表面にも残存します。そのため、S型小惑星も実は大量にレアメタルを含んでいることがわかっています。これは地上に落ちてくる隕石からも明らかなのです。

「ニア・シューメーカー」が撮影したエロスの写真。©NASA

NASAが打ち上げた探査機「ニア・シューメーカー[4-13]」が到着したエロス[4-14]という小惑星があります。エロスも比較的小さなS型小惑星で、直径、長さとも数kmです。石質隕石は3％程度の金属を含むものがあります。そこから推測すると、エロスには2万tのアルミニウムと、同量の金、プラチナ、その他の希少金属があると考えられています。エロスくらいの大きさがあったら、人類が有史以来掘りつくしただけのレアメタル、白金が全部とれるだろうといわれて

(4-13) ニア・シューメーカー
➡NEAR Shoemaker (NASA)

(4-14) エロス
➡433 Eros (NASA)

います。(4-15) 石質の天体だから資源がないということはありません。S型の小惑星から得られるレアメタルは含有率は低いですが、それでも地球上にある岩石の含有率より、はるかに多いわけです。

宇宙資源を活用する時代へ

こうした小惑星にある鉱物資源、鉄やニッケル、そしてレアメタルを利用するような時代がきっとくる、というのが国際的な見解です。

すでに宇宙資源に関する投資というものを、もっと積極的に考えるべき時代にきていると思います。アメリカの話をしましたが、宇宙資源をめぐる活動が宇宙大航海時代を牽引していくのです。15～16世紀の大航海時代、香辛料や黄金を求めて東アジアまで航路が伸びたのと同じです。ビジネス的な関心から、そうしたアクティビティに対して投資があってもよいのではないでしょうか。

ある宇宙資源が有用だとわかった瞬間から、それが世の中に豊富に出回るまでがビジネスチャンスです。それがいつ実現するのか、これは「鶏と卵の関係」のようなも

GoldRush_BBC

(4-15) エロスの含有金属
➡Gold rush in space? (BBC)

のです。つまり、実際に小惑星のレアメタルが有用だとわかり、それが必要になれば、どんなに費用がかかっても掘り出してもってくるべきとなります。産業界の需要と、宇宙開発の技術と進歩がバランスして、宇宙資源は徐々に利用されるようになっていくのでしょう。

実際、レアメタルの白金族元素(4-16)などは、そのようにして採掘と利用が進んできました。白金族元素ではありませんが、ランタノイド系のネオジムと呼ばれる、強力な磁石を作るのに使われるレアメタルは、微小であっても非常に役に立ちます。こうした希少価値のある金属が宇宙で見つかれば、かなりのコストをかけても獲得する価値がある資源となりえます。

ちなみに、月は、実は鉱物資源的には、あまり豊かとはいえません。なぜかというと、月は丸い天体、つまり大きい天体です。大きい天体では、重い元素は否応なくすべて下に沈みます。しかも、月には十分な水もないので、(熱水の)鉱脈もできませんから、鉄鉱石の鉱脈もできにくいということになります。このような理由で、月面は地球より格別に鉱物資源が豊富かというと、そうではないのです。もっとも、誰も確認したわけではありませんから、逆に、月探査で鉱脈が発見されるかもしれないと

(4-16) 白金族元素
➡レアメタルテキスト:(2) 白金族元素(中川 充)

いう期待もあります。

また、近年、注目されている月の物質に、ヘリウム3があります。ヘリウムは地球にはあまり存在しませんが、月のレゴリスにはたくさんあると見られています。ヘリウム3は、未来の発電技術である核融合炉の燃料になるのではと期待されています。

このヘリウム3の資源利用を、中国や「月協定」未批准国に独占されるのでは、という議論があります。しかし、世界中が躍起になって開発を目指している、重水素―三重水素の核融合ですら、臨界プラズマ条件達成はまだまだ難しいです。第2世代の重水素―重水素の核融合に要する条件はさらに高く、重水素―ヘリウム3核融合は、さらにその先です。利用について国際的に議論するだけの十分な時間があります。得られるエネルギー密度はかなり高いので、埋蔵量に関する心配はまずないでしょう。

中国を含む多くの国が批准している「宇宙条約」は、その国に帰属する、企業や個人にも適用されるはずです。仮に企業や個人が独立であると宣言し、領有を主張したら、批准国の共通の敵、イスラム国のように存在を否定されて、貿易も禁止されるため、非合法な領有は難しいと思われます。

宇宙船が発着する深宇宙港と、太陽系大航海時代の始まり

やがて人類は、宇宙へ自由に往来する時代がやってきます。宇宙船が発着する港、深宇宙港(4-17)ができて、そこを起点としてさまざまな天体へと訪れるようになると考えています。嘘のない展望です。宇宙飛行の未来形態は、そうなるだろうと思っています。

宇宙、太陽系大航海時代とは、15~17世紀に地球上で起きた大航海時代にならっています。エイジ・オブ・ディスカバリー(4-18)(Age of Discovery)、発見の時代です。コロンブスの新大陸発見に始まり、マゼランが世界一周を行えば、バスコ・ダ・ガマがインド航路を開拓するという時代。航海術が進歩してさまざまな航路が発見され、グローバルな活動の展開が始まった時代です。

今度は、〝全地球的〟規模ではなく、〝宇宙・太陽系〟スケールで、そういった大航

(4-17) 深宇宙港
➡第99回GRIPSフォーラム『「はやぶさ」で実証された、往復の宇宙飛行がかなえる、太陽系大航海時代』(政策研究大学院大学)

海時代が訪れるのです。宇宙大航海時代・太陽系大航海時代です。その準備は、すでにもう整っていると思います。

ラグランジュ点に深宇宙港を作る

宇宙大航海時代が目指すのは、地球の引力圏を抜けてふたたび戻ってくる、往復の飛行を本格的に可能にすることです。この宇宙大航海時代を迎えるために、私は「深宇宙港」の建設を提唱しています。これは宇宙船を乗り換えるために必要な施設です。

今日、よく記事に出てくる「宇宙港」というのは、地上のロケット発射場のことです。深宇宙港は軌道上の港で、太陽と地球のラグランジュ点に建設します。

ラグランジュ点は、太陽、地球の重力と遠心力が釣り合う場所です。釣り合っているので、理想的にいえばそのまま同じ場所にとどまることができて、都合がいいわけです。実際には時々ずれを直さなくてはいけませんが、太陽と地球との位置関係はいつも一定なので、安定的にいつでもアクセスできる場所です。地球と月の場合でもラグランジュ点は定義されますが、これからお話するような理由で、太陽と地球で定ま

(4-18) エイジ・オブ・ディスカバリー
➡The Age of Discovery
(Woods Hole Oceanographic Institution)

るラグランジュ点に新宇宙港を作るのが良いと提唱しています。

地上から打ち上げるロケットあるいは宇宙船が太陽系の他の惑星に飛行し、出発時そのままの形をとどめて、地上に戻ってくるということはありません。

地球から離陸したり、着陸したり、あるいは月面で離発着するには、いわゆるロケットが必要です。ロケットは大きな推力を発揮して、力ずくで無理やり飛んでいくようなものです。ロケットは同じ量の推進剤で稼げる、加速・減速できる量があまり大きくないので、惑星に行って戻ってくる往復飛行には使えないのです。「はやぶさ」「はやぶさ2」がイオンエンジンを積んでいるのはその燃費の改善が目的でした。それがイオンエンジン搭載の理由なのです。

惑星への往復が可能になる宇宙大航海時代においては、どこか途中で、地球から打ち上げた宇宙船から、原子力で動くエンジンを積んだ別の宇宙船に乗り換える必要が

ラグランジュ点

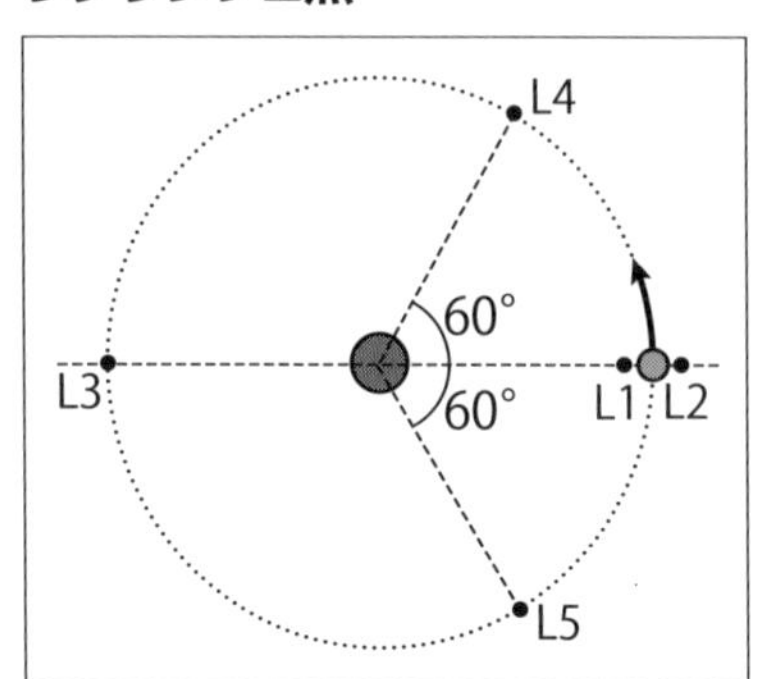

中央の天体の周りを第2の天体が円軌道で公転しているとき、L1〜L5点までの5つの点が平衡点となる。ただし、L1点とL2点の天体からの距離は、両天体の質量によって変わる。

あります。その乗り換える場所こそが、深宇宙港なのです。

まずは望遠鏡と天文台から

とはいえ、はじめから港が建設されるのではなく、おそらくいちばん最初は軌道上の観測・研究施設が作られるのだと思います。「軌道」とは、天体の重力に支配されて運動を行う空間上の軌跡です。弾道飛行で描かれる空間上の経路という理解が正確です。ラグランジュ点も軌道上にあります。

その軌道上の施設は、いってみれば南極大陸で南極観測隊が科学観測・資源調査・気象観測を行うのと同じような、滞在型の観測所です。最初は無人から始まるのかもしれません。この観測・研究施設には、地上と常にコンタクトがとれて、地球との位置関係が変わらない場所が適しています。そのためにラグランジュ点に建設されるのが良いと考えているのです。最初に作られる施設は望遠鏡と天文台です。

天文台や望遠鏡は、人間がいると振動と対流が起きて、観測データに影響を与えます。地上でもできるだけ無人で運用しようとしています。ですから、深宇宙港でも人間、研究者の滞在する施設は、天文台や望遠鏡からは離れたところにポツンとあるのでしょうね。駐在するエンジニアや研究者は居住区にいて、小型宇宙船で出かけていってメンテナンスや運用をする。そんな感じになるのだと思います。

それら天文台や望遠鏡をどうしてラグランジュ点に設けるかというと、観測装置を冷却させるのが目的です。観測機やセンサーを非常に低温にしないと、観測できない場合が多いのです。冷却しやすい環境を得るためにラグランジュ点を利用するわけです。ジェイムズ・ウェッブ宇宙望遠鏡(4-19)（ＪＷＳＴ）という望遠鏡がラグランジュ点に置かれようとしていますが、それも機器の冷却に有利という理由からです。

宇宙空間全域は、絶対温度３度（背景放射といいます）という極寒の環境ですが、太陽に近い地球周辺では、太陽からの熱や、温められている地球からの熱輻射が宇宙機や軌道上の施設

ジェイムズ・ウェッブ宇宙望遠鏡の完成想像図。©NASA

(4-19) ジェイムズ・ウェッブ宇宙望遠鏡（JWST）
➡JAMES WEBB SPACE TELESCOPE (NASA)

に入力して加熱してしまいます。一方向だけからの熱入力であれば、遮蔽板を設けて防御できるのですが、太陽と地球という両方からの入力を止めるには、絶えず変化する二つの方向に対して遮蔽を行わなくてはならず、対応は難しいものになります。

一方、太陽と地球で定められる、第2ラグランジュ点では、太陽と地球は常に同じ方向に見えることになるので、熱入力を効率良く遮ることができます。しかも、背景放射空間に向かって熱を輻射で捨てれば、強力に冷却ができることになります。JWSTも、この効果をあてにしているわけです。

天文台（天文観測）に続いて作られるのは、おそらく宇宙資源の利用施設、サンプルの分析施設でしょう。宇宙からもち帰った資源や、惑星のサンプルを分析したり、あるいは資源を製錬し直すのに利用します。サンプルの中には、もしかすると未知の生命体に関するようなものが含まれているかもしれません。それらを分析するような施設は、リスクを避けて、地上ではなく、軌道上に設けるべきなのです。

このように、ラグランジュポイントにはまず最初に天文台や望遠鏡ができて、それから居住者が滞在し始め、惑星からの試料を分析したりする研究グループが滞在を始める、というふうに少しずつ大きくなっていくのでしょう。

それはいつになるのか？　数十年の内には、このラグランジュ点上の天文台、観測施設が、必ずできあがっていると思います。ことによると、もっと早いかもしれません。

港から発達して町ができ、やがてコロニーも建設される

　ラグランジュ点の安定した領域はどのくらいかというと、これはかなり広大です。数万kmもあるような、とんでもなく大きな設備を作ってもまったく問題ありません。

　天体への往復飛行が本格化し、有人活動が行われるようになると、食料や水、燃料などの物資を運んだり貯蔵したりする必要性が出てきます。帰還した宇宙船を整備して、もう一度運航できるようにする、修理・修復工場のようなドックができあがります。深宇宙港はやがて港町、一つの町になっていくでしょう。

　技術的にはすでに建設に向けての準備はできていると思います。技術開発の大きな課題というのは、とくにないでしょう。惑星などを往復する宇宙船には原子力が必要になると思いますが、この深宇宙港自体には必要ありません。ラグランジュ点はまっ

たく日陰にならない場所なので、太陽電池が最大限に利用できるからです。よって、太陽電池発電所が併設されるのです。

深宇宙港までは貨物便でも1か月で行ける

ラグランジュ点は月よりずっと遠いので、往来は難しいのではといわれますが、そんなことはありません。ラグランジュ点の深宇宙港までは、どんなにゆっくり飛行しても、1か月もあれば到着できます。急いで行けば数日で到着可能です。たとえば人間は小さなカプセルに乗り、数日で到着する軌道で飛行し、大量の物資は低コストで船便で1か月をかけて到着させる。そんな組み合わせになるでしょう。

月に基地を作り、そこを宇宙船の発着場所にするというアイディアもありますが、月面を経由する大きな問題は、ロケットでの輸送システムが非常に大掛かりになることです。月面に降りて再度飛び上がるだけで、とんでもなく燃料を食ってしまいます。

月面を経由してどこかの惑星に行くシナリオは、私は難しいと思っています。もし月面で燃料が作れるようになったら、その燃料を月面から打ち出して、深宇宙港に蓄えるとよいでしょうね。給油のために余計な往復の燃料代を払って月面や月周回軌道に降りる必要はないのだと思います。いってみれば、深宇宙港にガソリンスタンドを設けるという案です。タンクローリーは無人でよいですし、片道飛行でよいので、これが現実的だと思います。

深宇宙港での生活はどうなる？

深宇宙港での生活を考えてみましょう。人が生活するためには、おそらく0・5Gか1Gの人工重力を作ることになると思います。建設される施設全体、どこに行っても重力が加えられるような構造物になるということです。骨が代謝してなくなってしまったりしないように、地球に戻ってもリハビリをする必要がない、そういう施設であるべきだと思います。

ただ、そうすると施設自体は重くなります。宇宙船は、無重量の空間を飛んでいる間は重力がかかっていませんから、せいぜい大気圧に耐えられる程度に作られていればよいわけです。しかし、人間が滞在する居住モジュールは、まさに自重（自分の質量）が重力を受けてしまうので、相当大がかりで頑丈な構造物になることは確実です。地上の１Ｇの環境で、人間は高層ビルを建てているわけですから、１Ｇに耐える構造は技術的には十分に作れます。宇宙だと軽く作れる、というメリットは失われますが、それでも、恒久的に居住しようと思うなら、１Ｇを確保することは絶対に必須だと考えています。

さらに、放射線からも身を守らねばなりません。突発的に太陽爆発が起きても、すぐに逃げ込めるようにシェルターはあちこちに作られることになるでしょう。アメリカの空港に行くと、嵐を避けるトルネードシェルターがたくさんありますから、そういうものかもしれません。

スペースコロニーの建設も始まる

深宇宙港を起点とした大航海時代が始まると、次はスペースコロニー(4-20)に移住という話になるでしょうか。カール・セーガンが唱えていたのは、太陽と地球で定められる第４、第５ラグランジュ点、Ｌ４、Ｌ５点でのコロニーの建設でした。

(4-20) スペースコロニー
➡ Space Colonization (NASA)

(4-21) 宇宙医学
➡ 宇宙医学とは（JAXA）

Ｌ４、Ｌ５点に置かれた物体は、完全に安定した場所なのでいったん静止させるとピクリとも動きません。漂流をとどめるため、維持するための制御や運用の必要がないというのが大きなメリットです。ただし、安定した領域だからこそアクセスするのは逆に大変で、自然にすべり込めて到達できる場所ではなく、大きな推進機関を使って加速・減速しないと到達できない不便な場所でもあるのです。

往復するにも、1天文単位、だいたい数か月から1年くらいかけて飛ぶことになり、距離がやや遠い点もデメリットです。ですから、コロニーを作るのにも第1、第2ラグランジュ点、すなわちＬ1、Ｌ2点が良いのではないかと思います。

宇宙大航海時代に必要な宇宙医学

天体まで往復する時代には、新しい宇宙医学(4-21)も必要です。まずは冬眠(4-22)の技術です。天体まで行くには時間がかかりますから、代謝を下げて、長期間にわたって人間の生命を維持するために冬眠するのです。ＳＦには１００年や２００年もかけて飛行する話がありますが、いきなりそんな遠方までのことを考える必要はありません。今、こ

(4-22) 冬眠
➡TORPOR INDUCING TRANSFER HABITAT FOR HUMAN STASIS TO MARS (Space Works)

こで言っているのは太陽系大航海時代の始まりの飛行で、長くても往復15年くらいの飛行です。それでも数年から10年くらいは眠らなくてはなりませんから、革新的な技術は必要かもしれません。そもそも食料や飲料水、呼気などを大量に輸送するのは困難です。代謝を抑えるのは現代医学でも大きなテーマになっています。

眠るので寝たきりになりますが、人工重力を設けて寝続けると、床ずれが起きます。睡眠中、人間は無意識のうちに寝返りを打ちますよね。しかし、冬眠中は自発的な寝返りができなくなりますから、人工的、強制的にその動きを加えなければなりません。

床ずれが起きるのは、皮膚が接触する場所が一定で、同じ場所に圧迫がかかり続けるからです。代謝を抑えて血圧を下げていくと、人工重力に逆らって血液を循環させる機能も落ちていくので、寝返りを打たす装置を使って、体の隅々まで血液をめぐらせる必要が出てくるのでしょう。数日寝続けただけでも床ずれの心配がありますから、10年間も寝続けてはダメです。人工重力下での冬眠は、自動寝返り装置とセットで考える必要があります。とても奇妙な飛行になるかもしれません。

それから再生医療も重要です。寝ている間は病気は起きないかもしれませんが、仮に病気を生じたり怪我をしたりすると治療が必要です。もちろん、飛行には専門の医師が常駐するでしょうが、1人の医師で何でもできるわけではないので、手術だけではなく、再生医療のような修復可能な医療技術も必要となってきます。

当然、いろんな技術が必要になってくると思いますが、おそらく最初に実現する、天体へ往復して資源を調査するといった探査は、片道が1年ちょっとくらいで、往復でも数年です。「はやぶさ」「はやぶさ2」も元々の計画では4〜5年くらいでしたから、似たような飛行のイメージでしょう。そのくらいの飛行日数であれば、冬眠する期間は1年くらいの話かもしれません。宇宙飛行というのは、だいたいこのあたりから進んでいくだろうと考えています。

まだ見ぬ宇宙船の開発

宇宙大航海時代に使われる宇宙船は、原子力で駆動される、原子力熱推進(4-23)か、原子力電気推進で航行するものとなるでしょう。どちらになるかは、推力と燃費のトレードオフの結果として選択されることになると思います。原子力は宇宙でこその動力源です。その先には、原子力による光子推進(4-24)での航行が待っていることでしょう。

(4-23) 原子力熱推進
➡The Nuclear Thermal Rocket (Ryan Hamerly)

推進機関が発展してこそ、探査領域の拡大がはじめて実現します。太陽系内で往復十数年、ないし20年という、主として宇宙資源を求める時代が登場するはずです。ぜひ、これからの研究者には、そんな活動ができる宇宙船を建造してほしいものです。

原子力光子(フォトン)ロケット

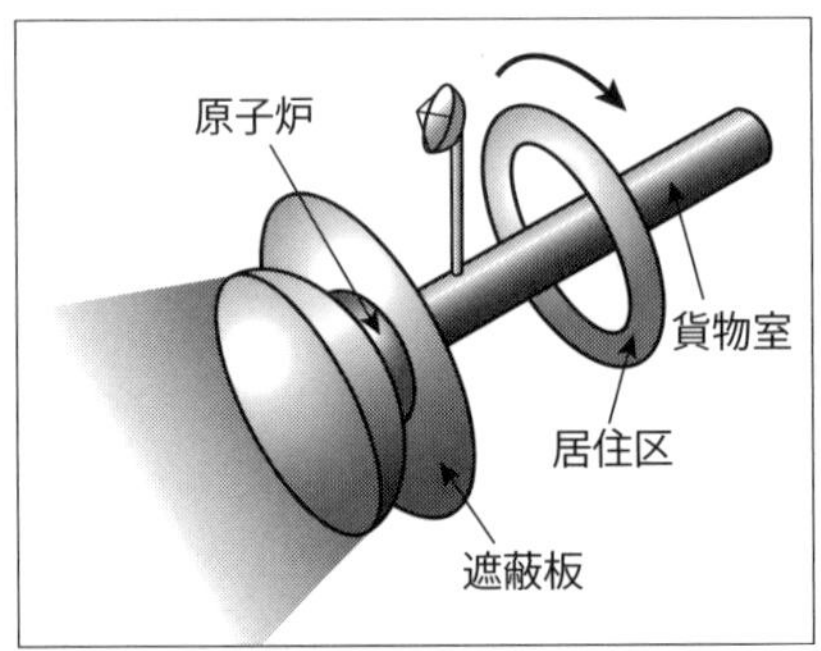

宇宙大航海時代には、原子炉を積んだ宇宙船が活躍するでしょう。図は筆者が考えた惑星往還船「原子力光子ロケット」の漫画です。将来、原子力エネルギーを、高い変換効率で「光」エネルギーで取り出せるようになれば、実用化できるでしょう。

(4-24) 光子推進
➡Relativistic Propulsion Using Directed Energy
(University of California, California
Polytechnic State University)

第5章

米中の宇宙開発競争、そして世界の情勢

米国、バイデン政権での宇宙探査の方向は？

アメリカではバイデン民主党政権が誕生しました。トランプ共和党政権と、どのように違う宇宙政策、宇宙探査政策が展開されるのでしょうか。まだ明確な方針は見えませんが、これまでの経緯から、ある程度の予想はできます。

アメリカンファーストを掲げたトランプ大統領の政策は、宇宙を介した米国の優位性の追求でした。従来からの共和党政策そのものです。２期目中の２０２４年までに、有人月面探査を実現すると言っていました。

民主党の政策綱領でも、ＮＡＳＡの進める有人月探査や、その先の火星探査を支持しています。しかし、バイデン民主党政権では、政策の焦点は財政赤字への対応になるでしょう。新型コロナ対策、医療面を優先し、環境問題ではトランプ政権からの転換を意識して、地球科学や気候変動対策を重視するものと推定されます。その結果、いきおい、防衛や宇宙政策への影響が出てくるところで、これは前オバマ政権の発足時にも同様のことが起きています。

気候変動対策は、民主党の最重要政策の一つになるものと予想されます。ゴア副大統領以来の民主党の政策です。トランプ政権が否定に回り、パリ協定から離脱したことはご承知の通りです。この政策の犠牲になる政策が出かねないところです。

アメリカは中国対策が鍵となる

宇宙探査、国際月探査面に目をやると、アメリカはESAと覚書を締結し、我が国を含め、国際共同が動き出しています。そのため、バイデン政権下でも、有人月探査や火星探査を含む宇宙政策は、おおむね継承されると予想されます。議会についても、上下院のNASA授権法案が、ゲートウェイ計画、アルテミス計画に言及しており、超党派での支持があります。ただ、下院版では、2024年までの有人月着陸ではなく、2028年までと述べていて、このあたりは議会で民主党、共和党のどちらが多数派かで、トーンは異なります。

今後のアメリカの宇宙探査、国際月探査がどうなるか、その鍵は中国の動向です。アメリカ一国で有人月探査を実施していくことは、経費面で、仮に共和党政権であっても現実的ではありません。国際共同を指揮しつつ、実質的には多目的で実用的な手段、アーキテクチャを開発していく、その旗振り役になることが米国政権の方針です。

しかし、気になるのは宇宙における中国の台頭です。中国の覇権的な主張が拡大するのに対抗すべく、アメリカは動くでしょう。そうした外交上のバランスが、アメリカのみならず、世界の宇宙探査の政策を左右していくわけです。

ただ、気候変動対策で中国と手を組む政策に出ることは、オバマ政権でも見られました。そのためには、南シナ海の人工島建設に目をつむる。それが民主党の政策です。共和党の政策は「対中国」なのでわかりやすかった。シンゾウとドナルドの関係でよかったのかもしれませんが、民主党は読めません。気候変動対策のためには、中国の月探査での台頭を黙認するかもしれません。よく見通さなくてはならないでしょう。

バイデン政権下での月探査計画に注目

アメリカは20世紀はじめから強国として国際的な地位を築き、それを発展させてきました。大戦や冷戦を経験しながらも、その存在感を強固に維持してこられた大きな要因として、宇宙開発でのゆるぎない成功があります。経済発展と大戦での勝利を受け、宇宙開発での際立った成果が、あらゆる科学技術、安全保障などの面で大きな存在感をもたらし、国際的な立場を築かせてきたといえます。

宇宙開発は当初、旧ソ連が優位でした。人類初の人工衛星、惑星探査機、月面到達、月面着陸、金星着陸、火星着陸、すべてにおいて旧ソ連が先行しました。有人宇宙飛行も、旧ソ連が先です。

旧ソ連は1957年10月4日、人類初の人工衛星「スプートニク1号」の打ち上げに成功し、アメリカは多大なショックを受けます（スプートニクショック[5-1]）。しかし、それを機に急ピッチで宇宙開発を進めます。アメリカが冷戦中にやっきになって開発した巨大計画が、アポロ計画です。アメリカは多くのミッションで旧ソ連に遅れをとっていましたが、その遅れを取り返してあまりある、一発大逆転の成果でした。有人月面探査「アポロ11号」の成功は、アメリカの科学技術力の高さを如実に示す、まさに大金字塔です。それから半世紀がたちますが、他のどの国も、有人月面探査には到達していません。

木星以遠の惑星探査になると、ほぼアメリカの独壇場です。アメリカが宇宙開発においてあげた成果はまさに巨大なもので、世界一の宇宙大国といえます。

もっとも、アメリカもそのときの政権によって、宇宙開発への意気込み、方向性が変わります。非常におおまかにいうと、共和党政権は経費を投じてどんどん進める傾向であるのに対し、民主党は倹約政策ですから、青天井で進めるわけではない、という政策を打ち出します。しかし、そもそも、アポロ計画を立ち上げたケネディ大統領も民主党だったわけですから、宇宙開発の成果は、共和党、民主党にかかわらず、アメリカの誇りであり、国民に広く支持を得ている政策といえます。

(5-1) スプートニクショック
➡Sputnik and the Origins of the Space Age（NASA）

注目される米月探査計画の動向

以前の共和党政権、ブッシュ大統領は、第1次政権の最終年（2004年）にVSE（Vison for Space Exploration）[5-2]という構想を打ち出したことがあります。これは、第2次政権での月探査を軸とした宇宙探査構想で、2020年までに有人月面探査を再開するという内容でした。今回選挙で敗れたトランプ大統領が掲げた、2024年までに有人の月探査を実現させるなどのアルテミス計画も、VSEを受けたものです。トランプ大統領がなぜここで月探査計画を打ち出したかというと、独自での月探査を計画している中国を多分に意識したものです。

アメリカの政権は、連続2期までと規定されています。たいていの場合、圧倒的に現職が有利ですから、1期目の終わりになると判で押したように、宇宙開発計画を打ち出してきます。ある意味、ケネディにならって歴史に名を残そうということでしょうね。

それはさておき、1995年にNASAの長官ゴルディンのもとでHLR（Human

(5-2) VSE
➡Vison for Space Exploration (NASA)

Lunar Return）構想が検討されており、これがＶＳＥ構想の基となっています。２００６年にはコンステレーション（Constellation）計画という名で、月面基地の建設が検討され、実際にプロジェクトとして立ち上がっていました。

しかし、一連の月探査構想は、発足したオバマ政権（民主党）での「月面にかぎらず多様な宇宙開発を展開する」という宇宙政策の見直しによって、同政権下の２００9〜17年までの間、事実上、国際宇宙機関間での検討フェーズ段階にまで戻り、凍結されたのです。２０１０年には、コンステレーション計画も中止されています。

ところがオバマ政権に代わってトランプ政権が発足すると、宇宙政策についても、オバマ政権での計画を逆転させる方向に再度舵が切られ、「２０２4年まで（トランプ政権に第2期が存在すれば、その期間内）に、有人での月面探査を実施させる」という宣言につながっていくわけです。民主党バイデン政権への交代で、若干のブレーキないしプランを精査する期間が置かれるかもしれません。アルテミス計画は、やや急ぎすぎの感じがありましたから。有人探査となると、人命もかかっています。

しかし、ここでアメリカが月探査計画を遅延させると、中国の目立つ活動に押される格好になるのは間違いありません。アメリカの動向を注視したいところです。

アメリカの政策に振り回された日本の月探査計画

我が国の月周回衛星「かぐや」（SELENE）の計画は、HLR構想を受けて、1999年に開始されました。一時中断された時期もありましたが、VSE構想が打ち出されたことによって再出発し、2007年9月に打ち上げられました。探査機の質量は2・9tで、アポロ計画以降で最大の月探査計画でした。主衛星と2機の子プローブが搭載され、14種類の観測機器を搭載するなど、本格的な月探査が実施されたのです。

2007年に打ち上げられた日本初の月周回衛星「かぐや」の探査想像図。©JAXA

同様に、ブッシュ構想を受けて、月への回帰が各国でも相次ぎ、その後、「嫦娥1号」(5-3)(中国)、「チャンドラヤーン1号」(インド)、「ルナー・リコネサンス・オービター」(アメリカ)といった月探査が実施されることとなりました。「SELENE」計画は、当初、着陸機をも搭載する計画でした。しかし、着陸機は「SELENE-2」機にて実施すべきとされて切り離され、2009年の宇宙基本計画では、我が国の月探査は、2020年までに月面での高度なロボット探査を実施すると記述されました。

迷走する月探査計画

日本では政権交代があったものの、2009年7月から政府内閣府に「月懇談会」という組織が設けられ、その方向性が議論されました。

しかし、我が国の月探査計画は、その後、不透明な経緯、迷走をたどります。いったん動き出した「月懇談会」は翌年まで開催され、高度な月面ロボット探査を2010年代半ばまでに実現するという方針を維持したまま終了してしまったのです。実際

(5-3) 嫦娥
➡Future Chinese Lunar Missions (NASA)

には、そのフォローはありませんでした。先に述べたように、オバマ政権によってコンステレーション計画が中止されたためです。

国際的な動向が米政権に左右されるのはやむをえないことではありますが、我が国については、政策にかかわる議論を行うための、動向の分析や、タイミングを見誤っていたともいえるでしょう。

オバマ政権のトーンダウンを受け、月探査に関する検討は国内では具体化されず、結局、国際宇宙機関間会合（International Space Exploration Coordination Group, ISECG）での策定活動への参加という形で、国ではなくＪＡＸＡレベルで維持されることとなりました。

巨額の費用をかけて中国が宇宙先進国の仲間入り

中国は、ちょうどアメリカでのＨＬＲ構想時期に対応して、月探査の技術力蓄積を本格化させたと見ることができます。中国は１９９９年に初の有人宇宙飛行を成功させ、すでに女性２名を含む11名の飛行士を誕生させていました。有人飛行の当面のゴールは、地球周回軌道上での宇宙ステーションの建設と、有人月探査であることは疑いようもありません。月探査を本格化することは、中国政府にとって、もっとも明瞭に国民に伝わる宇宙開発政策なのです。

日本の月周回衛星「かぐや」の打ち上げからわずか1か月後の２００７年10月、中国は、「嫦娥1号」探査機を打ち上げました。質量は「かぐや」よりはやや小型で２３５０kg。中国にとって初の月周回機となりました。

中国の月探査は、その後、飛躍的に進展していきます。以下の経緯を読めば、その進捗の速さが実感できると思います。

「はやぶさ」帰還直後の2010年10月に打ち上げられた「嫦娥2号」は、質量は1号とほぼ同等で、同じく周回観測機でしたが、ミッションを延長して、月周回軌道から再出発し、惑星間空間で地球接近小惑星トータチスをフライバイすることに成功。鮮明な小惑星の画像を送信してきました。その画像の精緻さに、世界が驚嘆しました。トータチスは地球への衝突の危険性が危惧されている小惑星でもあったからです。内容はフライバイまでであったこともあり、つまり、そばを通過しただけだったので、我が国も含めて、その成果への反応は比較的落ち着いたものでした。しかし、これを機に、中国は惑星探査を開始したことになるわけです。

驚異をもって受け止められたのは、続いて2013年12月に打ち上げられた「嫦娥3号」でした。「はやぶさ2」打ち上げの1年前です。「嫦娥3号」は、中国初の月面着陸を達成したうえ、着陸機から140kgのローバー（無人のロボット車両）を月面に移動・展開させたのです。世界で3番目の月面着陸を達成した国となりました。日本の「月懇談会」での構想がそのまま継続していたとしても、完全に先を越されたことになります。探査機の全備質量は３・８ｔ。着陸機質量ですら１ｔを超える大がかりな規模でした。我が国が描いていた「ＳＥＬＥＮＥ‐２」着陸機の構想に先んじて達成したことは、その実力の高さがうかがい知れます。

月探査の場合、大きな探査機を投ずることは、経費はかかっても、リスクの少ない安全策です。冷静に考えればわかることですが、月は、もっともよく調査され、地勢を含め、あらゆる情報が利用できる天体です。未知の天体ではまったくありません。ロボットコンテストを開催してもよい対象なのです。しかし、たとえば着陸の挑戦と成否は、ロボコンの比ではなく、国の威信にも通ずる一大イベントです。

日本の月着陸機「ＳＬＩＭ」は、誘導制御で革新技術に挑戦する着陸機ですが、質量は２００kgほどでしかありません。小さい投資ですんでいるといえばスマートなミッションではあります。成功したら拍手喝采。しかし、万一失敗したら、国の威信を揺るがすリスクでもあることを忘れてはなりません。

イスラエルの民間企業が２０１９年2月に打ち上げた、月着陸機「ベイシート」も質量は２００kgほどでした。「ＳＬＩＭ」と同規模です。「ベイシート」は、残念ながら失敗しました。しかし、世界中から、大きな賞賛を浴びました。政府投資ではないからです。国の鼻をあかすほどのチャレンジをたたえたわけですね。失うものの巨大さ、獲得される威信。宇宙探査はしたたかでなくてはなりません。

嫦娥に戻ります。2018年11月に打ち上げられた「嫦娥4号」は、月面の反地球側へ着陸するという史上初の挑戦に成功しました。「嫦娥4号」は「嫦娥3号」のバックアップ機で、規模としてはほぼ同一でした。月は常に同じ面を地球に向けているため、反地球方向の表面とでは直接の通信はできません。中国は、反地球側へ「嫦娥4号」を着陸させるため、半年前に「鵲橋（じゃくきょう）」という通信リレー機を、地球－月の第2ラグランジュ点を周回するハロー（HALO）軌道[5-4]に投入しています。月のハロー軌道に投入された宇宙機としても史上初で、独創的なミッションでした。そして、この通信リレー機を用いて、「嫦娥4号」が、反地球側への着陸を成し遂げたのです。これらのオリジナリティあるミッションの成果は、中国の非常に高い宇宙探査技術を如実に示しているといえるでしょう。

(5-4) ハロー軌道
➡Chinese satellite launch kicks off ambitious (nature)

月から2kgの試料をもち帰った「嫦娥5号」

いよいよ2020年11月、「嫦娥5号」が登場することになります。「はやぶさ2」帰還の直前でした。総質量はなんと8tを超える、無人月探査機としては史上最大の巨大機です。「嫦娥5号」は月面からの無人でのサンプルリターンに成功しました。

着陸機を切り離し、また再度離陸機とドッキングを行うための、月周回軌道上のサービスモジュールでさえも2tを超える規模です。300kgを超えるサンプル回収カプセルで、2kgもの月面試料を帰還させる大胆な挑戦でした。50年前、旧ソ連の「ルナ16号」で実施された無人での月面サンプルリターンに次ぐものと位置づけられる、きわめて高度なミッションだといえます(「嫦娥5号」の成果については、後述します)。

参考までに、「はやぶさ」は500kg強、「はやぶさ2」も600kg弱の大きさですから、文字通り桁違いの規模で探査を行っているわけです。すでに述べたように月探査には物量を惜しむべきではありません。中国で研究者や技術者に話を聞くと、「はやぶさ」の成果には一定の評価をいただくものの、「簡単なミッションですね」と言われ、「中国もやりますよ」と告げられます。手の内を見せてしまうと、こんなものです。おそらく、ほどなく桁違いの大型機で、小惑星からのサンプルリターンが中国で実施されることでしょう。規模の点では、「はやぶさ」も「はやぶさ2」も霞んでしまうかもしれません。

ともかく、中国の惑星探査は、独創性をともなって驚異的な進展を見せています。2020年7月には中国初の火星探査機「天問1号」を打ち上げ、本格的に惑星探査へと乗り出しています。「天問1号」は、総質量5t、周回機（3t超）と表面探査ローバー（240kg）を搭載しており、火星表面への着陸を行う予定です。

これまで火星への着陸を成し遂げたのは、米ソだけです。火星への着陸に成功することは一つのステータスです。中国がこれに成功することで、ステータスクラブへ入会を果たすこととなり、国際的にも大きな存在となることは確実でしょう。

これらのミッションは、我が国が行っている小型惑星探査機とは異なり、いずれも大型宇宙機によるもので、大型の打ち上げロケットがなくては実現しえないものです。「嫦娥5号」「天問1号」を打ち上げた輸送機は、巨大な「長征5号」ロケットです。地球を周回する低高度軌道上へ25t、静止移行軌道上へ14tの輸送能力をもち、離陸時の質量は約９００ｔにも達するというまさに巨大ロケットです。我が国の次期主力ロケットＨ３は、離陸時質量約６００ｔ、静止移行軌道上へ６・５ｔの輸送能力ですから、これをはるかに凌駕しています。アメリカで長く外惑星探査への輸送を担ったタイタン-Ⅳ型機の能力をも超える大型機です。アメリカの次期有人輸送機ＳＬＳを除けば、現在のところ世界最大級といってよいと思います。日本は足元にもおよびません。

中国の宇宙開発動向と、その実力

宇宙開発の難しさは、試行回数を重ね

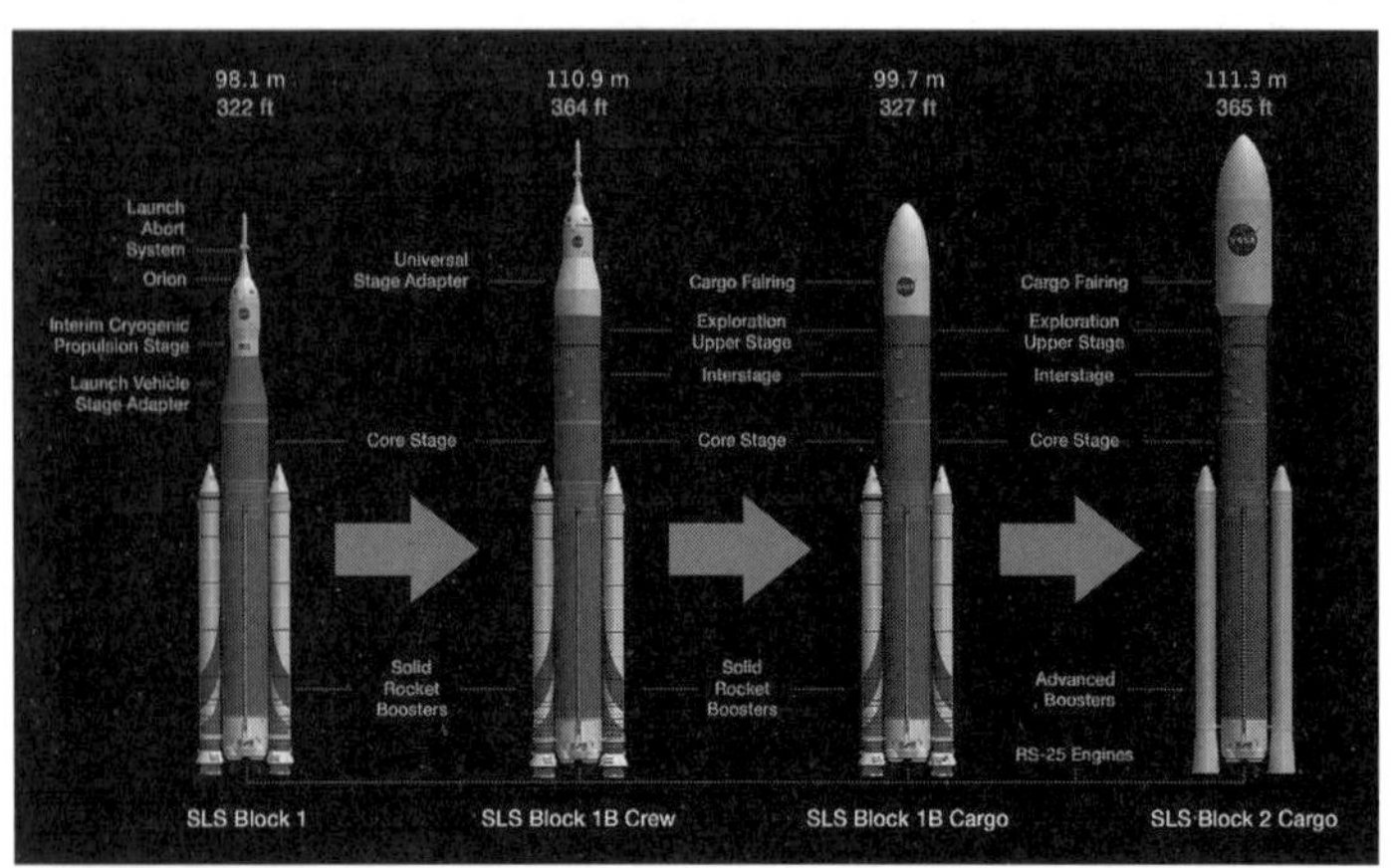

NASAが開発を進める大型の打ち上げロケットSLS（Space Launch System）。©NASA

がたい点にあります。試行に巨額を要するためです。計算機シミュレーションが不十分だった時代に、どうしてアポロ計画が成功できたのでしょうか。それは、徹底した「Tried True」テクノロジーの方法によります。つまり、試験と検証の繰り返しです。

その後は、物理・数学モデルに裏打ちされた数値シミュレーションの時代に移行していくことになりました。初物を成功させるには、相当の精度のモデルが必要です。モデルとは単なる仮定ではなく、実地に即した正確なものでなくてはなりません。数値シミュレーションが単なる仮定から始まるのであれば、実ミッションでの成功はおぼつきません。それは数値的なお遊びでしかないからです。米国の火星探査車「キュリオシティ」の投入と展開は、その典型です。計算上でしか試験されていないアクロバット的な着陸運用でしたが、見事な成果をあげました。中国の月探査からも、そのモデル化とシミュレーション技術の高さがうかがえます。すごいことです。

我が国では、モデル化のデータを得るための試行でさえ、予算難で抑えられている状態にあります。中国のように、数値シミュレーションをベースにした新規プロジェクトの成功は、我が国でも可能でしょうか？　大いに振り返り、反省し、また努力しなくてはならないと思うところです。

複雑なミッションを見事に完遂「嫦娥5号」で示した中国の実力

2020年12月17日、中国の月探査機「嫦娥5号」が、無人での月面からのサンプルリターンに成功しました。報道によると確認された試料の量は1・7kgということですから、まさに規格外です。「嫦娥5号」のミッションで出色なのは、複雑な自動操作をやってのけているところです。非常に緻密な数値計算を繰り返し、地上と月との間に存在する「時間遅れ」を見事に制御しています。

無人の月面からのサンプルリターンは、旧ソ連の「ルナ16号」「ルナ20号」「ルナ24号」が実現していました。最後の「24号」の帰還は1976年です。帰還された試料は、100~200数十グラムでしたから、今回の「嫦娥」の規模には驚きます。

私はかねてから、政治体制や冷戦下の産物であることなどは別として、「ルナ」計画に深く関心をもっていました。それは、「宇宙探査機とはロボットである」という認識からです。1975、76年、米国の「バイキング」探査機が火星で生命探査を行ったように、惑星探査は高度なロボットであるべきだと意識してきました。それが、私の携わった「はやぶさ」「はやぶさ2」へとつながっています。

探査機にかぎりませんが、エンジニアリングでいう制御の難しさとは、基本的に、対象となるシステムの時間遅れ、そして情報取得にかかわる時間遅れへの対処能力の大小にあります。情報取得が速くなければなりません。重力のある天体上の、メートルサイズの探査機では、運動の時間スケール（時間遅れ）は、地球上（1G）くらいだと約2秒です。詳細は省きます。その時間スケールで、実際にものごとが動きます。月面では5秒ほどです。1万分の1Gくらいの小天体では、その時間スケールは200秒くらいになります。振り子の周期を考えてみるとよいでしょう。弾道飛行では、つまり無重量状態では、その時間スケールは無限大です。一方で、探査される天体までの距離の拡大にともなって、情報を取得し、返答するまでの管理と確認に時間を要します。その時間遅れは、1天文単位（1AU）では、往復約1000秒で、月くらいまでの距離だと往復約3秒です。

重力が小さくて、距離が近い領域では、制御（管理と確認）は簡単です。無重量状態での、ＩＳＳへの宇宙船のドッキングがそれにあたります。距離が遠くても、探査する天体が小天体であれば、守備範囲に入ってきます。これが「はやぶさ」「はやぶさ2」での降下運用にあたります。降下時間が、往復の通信時間より十分に長いからです。

「はやぶさ」「はやぶさ2」でも、表面への着陸は、相手が小天体であっても簡単ではありません。時間スケールが２００秒くらいなので、最後は自律的に行われなければならないわけです。一方、月くらい大きな表面の重力があっても、距離が近ければ、守備範囲に入ります。月探査では、臨機応変な制御（管理と確認）を地上で実施できるわけです。

難しいのは遠方にある重力の大きな天体の探査です。木星圏、土星圏の衛星への着陸などがこれにあたります（今後のエンジニアリングのチャレンジは、この領域に向けられていくことでしょう。日本も、そうあってほしいと思います）。

その遠方の領域では、制御操作は、その場での完全自動制御でなくてはなりません。遠方天体の探査では、探査機が小型化する宿命から、運動の時間スケールはさらに低下します。月と同じくらいのエウロパ上へ探査機が着陸するとき、その自動の機械がミッションを達成するためには、非常に緻密な時間遅れの管理が必要になります。これはかなりのチャレンジです。

2機がドッキングしてサンプルを移送した「嫦娥5号」

「嫦娥5号」で特筆すべきことは、月面から離陸したモジュールが、月を周回する軌道モジュールへドッキングし、サンプルを移送したことです。宇宙開発では、分離していくことは容易ですが、結合していくことは格段に難しいことです。それには高い精度が要求され、完全に自動で行われなくてはいけません。ランデブーまでは弾道飛行の運用なので、時間遅れはあまり問題ではありません。難しさはドッキングにあります。あらゆるパラメータが正確に数学モデル化されていなくてはなりません。宇宙開発で難しいのは、試行が非常に制限されるので、ほとんどがシミュレーションをベースに完成されなくてはいけないことです。つまり計算ですべてがあらかじめ確実にされていなくてはいけない、という点にあります。

もちろん、地球周回上での無人機のランデブー、ドッキングは実用化しています。原理としては同じことですが、地球周回軌道上では、その運用開始時点で、もろもろの設定を確認でき、また再設定も可能です。無人ドッキングでも、地上からの介入・支援も間に合って、介入が可能です。監視・管理は十分にできるわけです。「はやぶさ」「はやぶさ2」でも、自動の最終降下フェーズ前までは、監視・管理が地上でできています。

おそらく「嫦娥5号」での月を周回するモジュールとのランデブーも、入念に監視・管理できるタイミングを計

「嫦娥5号」のミッション

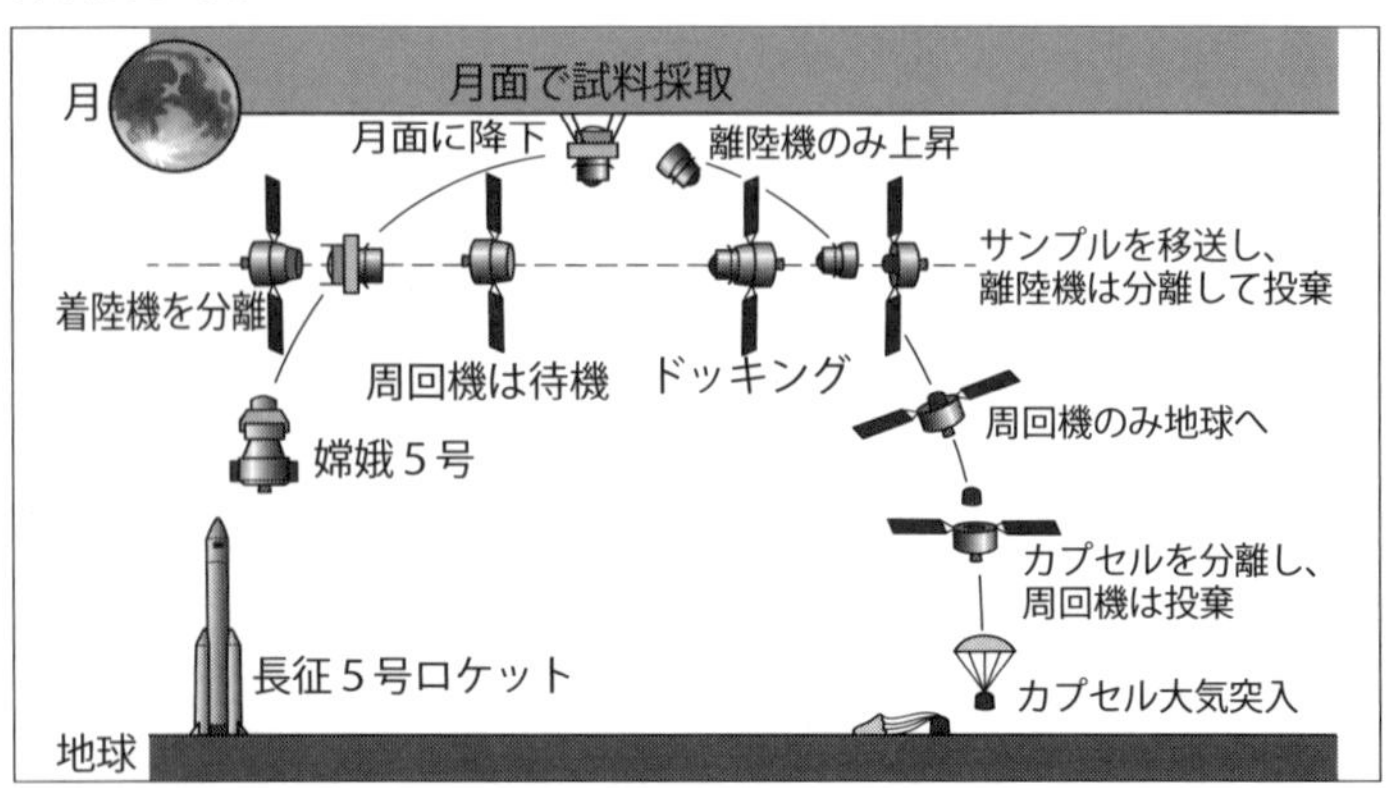

「長征5号」で打ち上げられたあと、着陸機を分離。着陸機は資料を採集後、月面から上昇して軌道モジュールへドッキング。地球軌道上まで移動し、サンプルを収めたモジュールを大気圏に投入する。科学技術振興機構の資料などから作成。

って、十分に確認して実施されたのだと思います。ただドッキングは距離が地球周回機とは桁違いなので、地上からの介入・支援は難しくなり、また探査機も小型ですから時間スケールは短くなって、とても難しかったはずです。

旧ソ連の「ルナ」月探査機では、着陸したモジュールから上部の部分だけが月面から離陸し、そのまま直接に地球へ帰還しました。ドッキングで試料を移送する必要のない、分離だけで成立するミッションでした。「はやぶさ」「はやぶさ2」では、探査機本体が直接にサンプル採取を実施しました。近い将来の日本の火星探査機「ＭＭＸ」でも同様です。再結合を避けているのです。

しかし、火星表面からのサンプルリターンでは、火星から離陸するロケットが月と違って必然的に大型化するので、離陸したモジュールから周回機へとドッキングしてサンプルを移送する必要があります。米国と欧州で、これについての技術検討がかなり行われています。鍵の技術です。しかし、中国は、この技術を先行して実現させたわけです。数値模擬で、新たなミッションを実現できる能力を発揮したというわけです。旧ソ連の成功から半世紀にもなり、宇宙探査は、すでに将来の火星表面からのサンプルリターンのレベルにまで、上がっていると理解しなくてはなりません。

「宇宙条約」と「月協定」によって領有権の主張は認められていない

宇宙先進国の仲間入りを目指す中国が、月の裏側への探査計画を実施したという話をしました。そう聞くと、世界各地で領土争いを起こしている中国のことだから、月の裏側も勝手に「自分の国である」と主張したりするのではないか、そのような危惧をもたれる方もいるかもしれません。でも、その心配はおそらくないと思います。ここで月をめぐる国際法について見てみましょう。

宇宙に関する代表的な国際条約としては、「宇宙条約」と「月協定」の二つがあります。

「月協定」と名前が付いていますが、第1行目に「他の天体にも適用する」と書いてあり、これは実質的に「宇宙協定」と呼んでいい内容です。「月協定」には宇宙の利用、宇宙資源などです――についての事柄が記載されています。

一方の「宇宙条約」は「宇宙の憲法」とも呼ばれ、とてつもなく根本的な事項が書かれており、非常に明確です。中国を含め、世界中の国が批准しています。たとえば第2条には、「天体の領有はどの国にも認められない」と書かれています。よって、中国が月の裏側に着陸して、「ここは中国の領土だ」などと主張することはできないわけです。

しかしながら、何事も解釈を変更して、自国の領有権を平然と主張する国は多いわけですから、中国が月の裏側を「ここは中国の飛び地で、主権を行使できる」と勝手に主張しても、どの国もそれを直ちに否定しきることはできないでしょう。そうなったら、ある種の駆け引きが行われることになると思われます。決定的な否決がなされないかぎり、判決が出ないうちは、紛争中でも権利の主張は行えますから。

「投資への見返り」を認める月協定

いろいろと議論があるのは「月協定」のほうです。「宇宙条約」で領土権の主張はできないとしても、そこにある資源、リソースは誰に帰属するのかということが問題になってきます。これを問答無用でどこにも認めないとなると、それをやろうという人が現れなくなり、宇宙開発自体がしぼんでしまいます。

意外かもしれませんが、月協定には「投資には見返りがあるべし」(特別な配慮がなされる)と書いてあります。それなら、どの国もどんどん批准してよさそうに思いますが、実際にはそうなっていません。法律・政治の世界はどこもそうですが、各国は一様に慎重です。先進国で「月協定」に批准しているのは、オーストラリアだけです。アメリカ、欧州、日本も批准していません。貢献への見返りが不明確ですから、活動が不平等に制約されたり、評価されないまま権利を獲得できないリスクがあります。

ボランティアでよいなら応じられますが、国民の税金、納税者への見返りが正当であると主張することが難しくなるおそれもあり、結果として活動や貢献が不当に過少評価されかねないリスクがあるからです。しかし、投資をしないかぎり特別な配慮はなされないことは確実です。ルクセンブルクが宇宙資源探査への積極的な方針を発表し、世界中のベンチャー企業へ支援を開始しています。我が国としても、リスクだけを見ていても見返りは決っしてやってこないことを、認識すべきと思うわけです。

中国を牽制するアルテミス合意

積極的な中国の活動には、各国とも神経をとがらせているようです。コロナ禍の中、2020年10月に、国際宇宙会議がオンラインで開催されました。出席したアメリカ、カナダ、イギリス、日本、イタリア、オーストラリア、ルクセンブルク、アラブ首長国連邦の8か国の代表により、アルテミス合意（THE ARTEMIS ACCORDS）が署名されました。「月協定」未批准国側が批准国と連名で、原則である「宇宙条約」を参照して、国際月探査への関係国間の結束を示すと同時に、まじかに迫った中国の「嫦娥5号」による月面からのサンプルリターンを意識した内容でした。

セクション10は宇宙資源に関する合意事項で、「宇宙資源の抽出が、本質的に、『宇宙条約』に準拠し、国家による〝National Appropriation〟を構成してはならない」と述べています。わかりにくいですが、「宇宙条約」第2条では、宇宙空間は、主権の行使や領有によるnational appropriationの対象ではないと定めています。これはつまり、台頭する中国に対して、関係各国が牽制を行ったと見ることができます。

宇宙デブリに対する世界とＪＡＸＡの取り組み

国家間の宇宙での競争、せめぎあいは、さまざまな分野に関係します。アメリカでは、２０１９年12月、宇宙軍(5-5)が創設されたというニュースが世間をにぎわわせました。その基本方針として、行動の自由を守ることをあげており、宇宙での安全保障、戦闘の予測、往復や物流の確保、情報共有、観測を掲げています。

これに応える形で、我が国でも２０２０年５月に、航空自衛隊に宇宙作戦隊(5-6)が設置されました。我が国の人工衛星を守るため、ＪＡＸＡやアメリカ宇宙軍と協力し、宇宙の監視体制を本格化させることになっています。ロシア、イスラエル、中国も同様な組織を立ち上げています。

(5-5) 宇宙軍
➡〈解説〉宇宙軍の創設
(令和2年版防衛白書)

(5-6) 宇宙作戦隊
➡「宇宙作戦隊」何するの?
(jiji.com)

JAXAの宇宙状況把握への取り組み

宇宙は、現代の私たちの生活に欠かせない、さまざまな役割を担っています。通信や天気予報をはじめ、GPS[5-7]は自在でグローバルな移動を可能にしてくれます。これらのサービスには軌道上に配置される衛星が不可欠です。そのため、衛星への脅威には対抗する必要が出てきます。

宇宙軍の活動も、目下のところ宇宙状況把握[5-8]（Space Situational Awareness, SSA）がメインになるでしょう。宇宙デブリ[5-9]の観測を進め、人工衛星の安全な運用を目指すのです。もちろん、自国のデブリも監視しなくてはなりませんが、ロシアや中国による衛星破壊実験[5-10]の情報を収集・監視して、各国の衛星の活動が脅かされないようにするのです。

破壊行動の監視もさることながら、衛星同士の接近に関する情報の取得や、大気突入に関する予測も目指しています。とくに大陸間弾道ミサイルと、衛星とを明確に識別することが目的とされています。

(5-7) GPS
➡準天頂システムとGPS（JAXA）

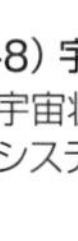

(5-8) 宇宙状況把握
➡宇宙状況把握（SSA）システム（JAXA）

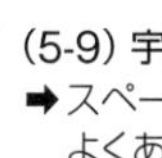

(5-9) 宇宙デブリ
➡スペースデブリに関してよくある質問（JAXA）

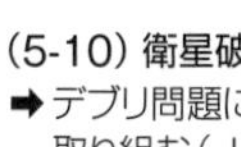

(5-10) 衛星破壊実験
➡デブリ問題に世界で取り組む（JAXA）

ＪＡＸＡでは、ＳＳＡ活動の一環として、スペースデブリの観測、データベース化、衛星の接近解析、大気圏再突入予測を行っています。宇宙基本計画に基づき、２０２２年度までに、デブリ観測用の光学望遠鏡とレーダー、解析システムを整備する計画が示されています。

宇宙空間は「宇宙条約」にしたがって平和利用に限定されるべきで、国連には、国連宇宙空間平和利用委員会(5-11)（United Nations Committee on the Peaceful Uses of Outer Space, COPUOS）が設けられています。宇宙状況把握の活動は監視と情報収集活動ですから、宇宙の平和利用の原則に抵触するわけではありません。こうした活動も必要になることはやむをえないことでしょう。

衛星破壊実験でデブリが増える？

ところで、映画「ゼロ・グラビティ」はご覧になったでしょうか。宇宙デブリを扱ったＳＦ映画です。どのような話かというと、スペースシャトルの外で活動していたクルーたちに、ヒューストンから「大量の宇宙デブリが高速で接近している」という

(5-11) 国連宇宙空間平和利用委員会
➡ 国連宇宙空間平和利用委員会（COPUOS）（外務省）

緊急連絡が入ります。ロシアが自国の人工衛星を破壊し、それが周辺の人工衛星にも飛び火して、連鎖的な大崩壊が起こってしまったのです。船内に退避しようとするのですが間に合わず、襲いかかるデブリによって宇宙空間に投げ出されたクルーは……という、絶体絶命のピンチを描いたSF映画です。現代でも、直ちにありえそうなストーリーで、見ていて引き込まれました。ロシアの宇宙船の操作卓が、まさにリアルで驚きました。今では宇宙飛行士は米ロを問わずに操作できるよう訓練していますからね。

こんな映画が製作されるくらいですから、デブリの脅威に関心が集っています。これまでにも何件か衛星同士の衝突が起きているわけですから、これは脅威です。

現実問題として、ロシアも中国も衛星破壊実験に乗り出しているという事実があります。衛星はそれ自体が観測機であると同時に、いってみれば基地でもあるわけです。地球上での空港や航空母艦と同様で、宇宙空間の敵の衛星は破壊すべき対象にもなりえます。

衛星からのデータを遮断できればいいのですが、そのデータを受け取れる基地は地球上にはいくらでもあるわけですから、通信の経路を断つのは非常に難しい。したがって、物理的な破壊に出るわけです。

ただ、衛星破壊実験に関しては、ロシアも中国も自国の能力誇示までだと思います。本気で取り組んだら、結局は自らの活動も制限してしまうことになるからです。衛星破壊の技術は、自国の活動にとっても脅威となることはよくわかっているでしょう。ですから、現実的に衛星がどんどん破壊され、宇宙デブリが大々的に増加し続けるようなことにはならないと思います。

とはいえ、小規模な破壊や、一部の機能を停止させることは十分ありうる話です。たとえば強力な電磁波を発生させて、それで通信機の機能を破壊・停止させる。物理的には壊れないけれども、機能だけを停止させるといったこともありえるでしょう。

最終的には情報戦になりますが、これはむしろ地上での戦いに移ると思います。宇宙の情報は、地球のどこかに降りてきます。衛星の情報はサイバースペースに集約されるので、そこが主戦場になるでしょう。衛星をめぐる防衛戦は、必ずしも具体的な破壊だけを意味するのではないと思います。

人工衛星が増え続けると、宇宙は衛星でいっぱいになってしまう?

人工衛星を次々に打ち上げていくと、やがて、(すべての軌道を「宇宙」というとしたら)宇宙は衛星でいっぱいになってしまうんじゃないですか? そう聞かれることがあります。

確かに、これは大きな問題です。静止衛星の軌道はある意味で「資源」なのです。あまり増えてしまうと、その場所に衛星を置くことができなくなります。場所自身が「資源」なのですね。

そこで資源の調整はすでに行われています。たとえば、ある種のサービスは特定の緯度にカスタマイズしてサービスを提供すればよいわけですから、静止衛星の軌道から少し外れた軌道を飛ばせているものも多いです。準天頂衛星(5-12)や、アメリカのシリウ

(5-12) 準天頂衛星
➡準天頂衛星初号機みちびき(JAXA)

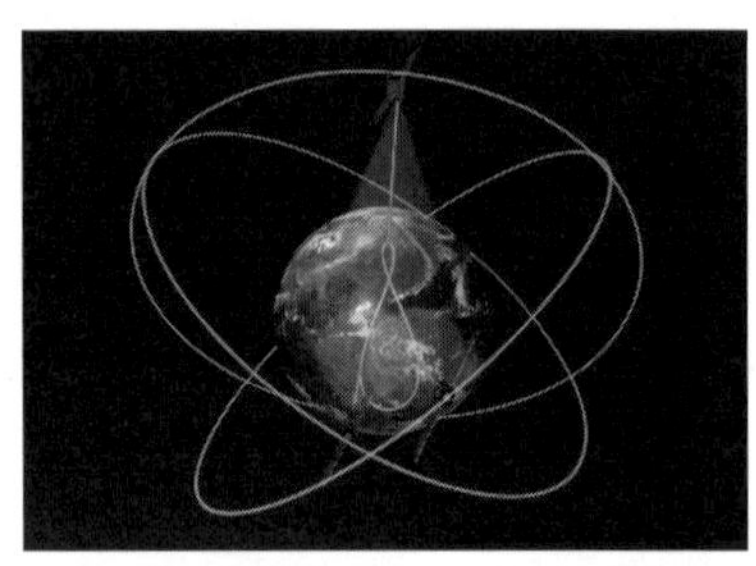

日本の準天頂衛星システム「みちびき」は、GPSを補っている。現在は4機体制だが、2024年度には7機体制になる予定。上はその軌道を示したもの。©JAXA

スＸＭ[5-13]のようなラジオ放送衛星も登場しており、今後も衛星は増えていく一方ですから、軌道をめぐる新たな利用分配の調整が必要になってきています。

人工衛星は、そのままだと落ちてくる!?

しかし、人工衛星で宇宙がいっぱいになってしまうかというと、そうではありません。高度４００～５００㎞の軌道を回る人工衛星は、早ければ3年、遅くとも5～6年で、大気の弱い抵抗によって、自然に落ちてしまうのです。それ以下の高度を回る人工衛星はあっという間に落ちてきます。

そのため、こうした軌道を回る人工衛星は、もし、より長く運用するのであれば、何らかの推進機関、エンジンを積んでおり、高度を維持する運用をしています。地球表面をスイープしながら観測しているとき、その高度が変わったら、周期も変化して

(5-13) シリウスXM
➡ About Sirius XM

しまって、観測の意味をなさなくなってしまいます。そこで、こういった衛星は軌道の周期を厳密に制御するために、役割を達成するまでの期間の燃料とエンジンを必ず搭載しています。

一方、衛星の軌道が高くなると、落ちるまでの時間は長くなります。ただ、落下するまでの時間は、高度に比例するわけではありません。高度５００㎞と６００㎞とでは、人工衛星が落ちるまでの時間の差は5分の6倍ではなくて、数倍ないし桁違いで違ってきます。

いずれにせよ、高度５００㎞程度の軌道にある人工衛星は、高度を維持するような運用をしないかぎり、放っておけば数年のうちに落ちてきますから、低高度の領域では、〝宇宙空間がデブリでいっぱいになってしまう〟といった心配はしなくても大丈夫なのです。

ISSも落下している!?

実はＩＳＳもそのままだと落ちてきます。ＩＳＳは高度５００㎞付近の軌道を維持していますが、いったん550㎞まで上げて、高度が落ちてきたらまた550㎞まで上げるという運用を定期的に繰り返しています。宇宙デブリとの接近が予想される場合も、これを回避するために軌道修正を行っています。軌道の修正には、ISSのモジュールエンジンを使ったり、輸送船のプログレスエンジンを使ったりして実施しています。

ISSをいつまで運用するのかという議論がありますが、実は運用を放棄した途端に落下が始まります。あんなに大きいと大気圏に突入しても燃え尽きないものがたくさんあるはずなので、地上に落ちたら大変です。非常に大きな問題が発生するでしょう。

そこで運用をやめるときは、コストはかかるでしょうが、なんらかの方法で細かく分解して処置するしかありません。あるいは高度を維持する運用を続けるかです。

軌道に上がったものは、必ず落ちる運命にあります。もっとも、それより高い高度に移動させれば、その衛星が機能を失おうが生きていようが、ほぼ永遠に落ちてこないことになります。

役目を終えた人工衛星はどうなるか

話を人工衛星に戻しますと、人工衛星は永遠に生き続けるというものではなく、寿命があります。地球の周囲を回っている人工衛星は、意外に壊れやすいのです。

周回中の衛星は、日陰と日照が45分ごとに繰り返される環境を飛び続けています。太陽の光があたったり、あたらなかったりするごとに、充放電のサイクルも繰り返されます。衛星に搭載している機器でいちばん早く劣化するのはバッテリーです。バッテリーが機能不全になると、日があたっているときしか仕事ができないことになります。しかし、それでは衛星のビジネスが成り立ちません。

また、飛ぶ高度によって放射線の影響を受けます。人工衛星は日夜放射線の影響を受けて、非常にわずかずつですが表面の材料が剥がれて、削り取られていきます。これを繰り返していると、いずれ回路の寿命がきます。高効率の太陽電池の結晶構造も放射線で壊れてしまい、数年のうちに出力の何割かが低下します。したがって、長期にわたって機能する人工衛星を作るというのも、非常に難しいわけです。

墓場軌道と軌道制御

人工衛星には寿命があり、放っておけば落ちてきます。それを放置するとデブリが増加して国際問題となることが予想されます。そこで、各国の宇宙機関で構成される国際機関間スペースデブリ調整委員会[5-14]（ＩＡＤＣ）での取り決めにより、地球を周回する軌道上にある人工衛星は、25年以内に必ず地上に落ちてくるか、あるいは、絶対に落ちないかの選択を求められます。「落ちない」を選択した場合、軌道を変更できる燃料が残っている間に、墓場軌道[5-15]に移動させて投棄するというルールがあります。

たとえば、役目を終えた静止衛星は、静止衛星の軌道（高度約３万６０００㎞）より３００㎞くらい高い軌道に計画的に移動させて、そこで運命を終わらせるという対処をするわけです。生きているうちに墓場に移動して、そこで寿命をまっとうさせるということですね。

「インテルサット[5-16]９０１」という静止衛星は、実際に墓場軌道に入ってい

(5-14) 国際機関間スペースデブリ調整委員会
➡ What`s IADC (IADC)

(5-15) 墓場軌道
➡ Graveyard Orbits and the Satellite Afterlife (NOAA)

(5-16) インテルサット
➡ Our Story (INTELSAT)

ました。最近、そこにエンジンを積んだ別の衛星を接続させて、燃料を補給して、再利用する試みが行われました。静止衛星は技術の進歩とともに寿命が長くなってきていて、今や15年くらい運用しているものがざらにあります。それでも寿命はあります。いったん墓場軌道に置かれた衛星は、自然に落下することはほぼ永遠に起きませんから、その処理については、さまざまな計画や実験が行われているところです。

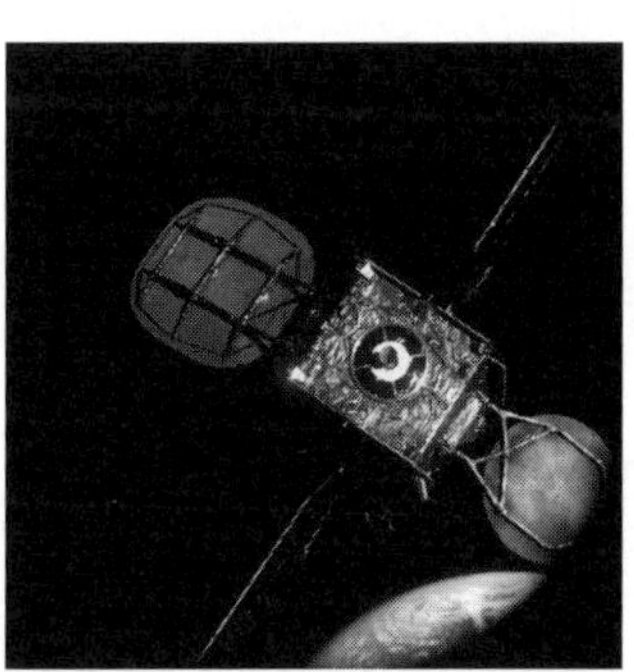

運用を終えた「インテルサット901」だったが、墓場軌道で補給サービス実験機「MEV-1」とドッキングし、再び軌道上に戻ってサービスを行うことになった。「MEV-1」が撮影した「インテルサット901」の写真。©Northrop Grumman

アメリカで活発な民間宇宙ビジネスの実態は？

アメリカではスペースXなどの衛星打ち上げを請け負う会社ができて、民間ロケットで衛星を打ち上げています。ニュースでも報道されて注目されていますが、これがビジネスとして大きな利益を生んでいるかというと、なかなか難しいと思います。衛星を打ち上げる需要は、さほど大きくないからです。中型衛星以上の打ち上げは、世界でも年に50～60回くらいしかありません。

小型、超小型衛星の衛星は、1個1個打上げるのではなく、ディスペンサーと呼んでいますが、たくさん積んで宇宙へ運び、ぱっと離すという打ち上げ方が一般的です。打ち上げの費用はどんどん安くなっています。現在は、1回の打ち上げは50億円くらいです。安い打ち上げだと1回10億円もかかりません。産業の規模としては、非常に小さいマーケットなのです。ですから、イーロン・マスクの取り組みは、ビジネスというよりも、大富豪の趣味とでもいうものです。

中には例外もあって、小型衛星でもアメリカのロケット・ラボのようにうまくやっている会社もあります。ロケット・ラボのエレクトロン(5-17)というロケットは、非常に小さく、価格も破格に安くて、成功率も高い。エンジンの型式にイノベーションがあります。今のところ打ち上げはニュージーランドで行っていますが、アメリカにも射場を作ろうとしています。ここにビジネス成立性のヒントがあるといえるでしょう。

衛星は長く軌道上で運用したほうが、生産性・採算性は上がります。しかし、衛星を長寿命化させると、今度は衛星の打ち上げ機会、需要が減っていきます。長寿命で高精度な衛星が登場すればするほど、打ち上げの機会が減ることになるのです。ですから、まったく新しい需要が登場してくれば状況は変わりますが、衛星打ち上げがビジネスとして成立するかといえば、そう簡単ではないのが現状です。もちろん、一般の方の宇宙への関心を高めた功績は大きいと思いますが。

日本でも、固体ロケットで衛星を打ち上げる民間企業が立ち上がりました。固体燃料を低価格にする努力が行われており、期待しています。しかしながら、ビジネスと

(5-17) エレクトロン
➡ELECTRON（ROCKET LAB）

して成立させるのは、そのままでは難しいだろうと思っています。違うタイプのロケットこそ、考えるべき視点ではないかと思うのです。液体でもない、小型だけれど、安く作れる別のロケット。そういう技術開発を先行させて、他国が真似できない技術ができたときに、はじめて世界の衛星打ち上げ市場を変革することが可能になると思っています。世界の宇宙開発を大きく発展させることにもなるでしょう。

ロケット・ラボの斬新なロケット

エレクトロン・ロケットには、古典芸能的なロケットを脱して、産業技術をスピンインさせた工夫がなされています。最高性能を追求するより、リスクの小さい妥当な技術で組んで、ビジネス指向の産物です。政府系ビジネスでは、最高性能の輸送手段開発が求められるのですが、視点を冷静に見据えれば、こんな手段があったのかと思わせるものです。

まず、2段式であること。性能を追求したいなら、各段の性能はやや劣る方式にせざるをえません。実際、エレクトロン・ロケットの推進剤は、1950〜60年代に主流だった、炭化水素系のケロシン（灯油）と液体酸素を組み合わせるもので、かつてのマーキュリー・セブンの時代の技術です。性能は高くありませんが、液体水素のような超低温、クライオ技術を要せず、機体を小型化できるメリットがあります。ちなみに、この組み合わせはスペースX社のファルコン9[5・18]でも同じです。

そうなると、性能向上のために3段式にしようとするのが普通です。実は、多段化を進めれば進めるほど、システムは複雑化してコストが増え、加えてアビオニクス（電子機器部）など飛行管制部は、上段に搭載せざるをえないため、思ったほど性能向上につながらないのです。それら飛行管制部が固定の質量を食ってしまうためです。エレクトロン・ロケットでは、クレバーな選択が、低コストの輸送機を構成していることがわかります。

低コストを実現する工夫

機体は、炭素繊維強化プラスチック（CFRP）を主に用いていて、量産コスト低下が図られています。固体ロケットでもCFRPは採用されていますが、固定ロケッ

（5-18）ファルコン9
➡FALCON9（SPACEX）

トでは機体全体が燃焼器なので、全体を高圧容器としなくてはなりません。しかし低圧の液体燃料であれば、ＣＦＲＰ容器に求められる耐圧性は、ごく低いものでよくなります。ＣＦＲＰ技術は、日本でこそ優位性がある産業技術ですから、本当は日本が考えついてよいはずの着眼です。

通常の液体ロケットであれば、排出ガスを用いたターボポンプ（ターボチャージャー）が用いられます。性能追及をすれば、燃焼圧力を高めるほうが有利で、そのために高圧に昇圧させるポンプが必要になります。とても動力源の確保が難しく、質量も大きくなるので、ターボポンプが使われるわけです。ロケット技術者は、頭から、この前提で考えてしまいます。いわば、盲信する慣例とでもいうのでしょうか。しかし、産業界に目をやると、数々の応用可能なソルーションが山積しているのです。

エレクトロン・ロケットのエンジンは、機械式ポンプです。ブラシレスモーターをリチウムイオンポリマー二次電池で駆動する、スーパーチャージャーが採用されています。ブラシレスモーターもリチウムイオンポリマー二次電池も日本が十八番（おはこ）とする技術ではないでしょうか。着眼、着想をもって考えれば、いろんな手段が見えてくるわけです。

そして、エンジンに3Dプリンター製造を取り入れていること。3Dプリンターは量産に適しているわけではありませんが、製作数が年にたかだか数十機程度であれば、生産設備に投資するよりも、このほうがコスト低減が図れます。

打上げコストは、太陽同期軌道に100kg衛星を打ち上げるのに5億円。低傾斜角軌道には、同じコストで倍の輸送能力があります。どうでしょうか。我々は、古典芸能のロケットで臨んではいませんか？

といっても、エレクトロン・ロケットの方式をこれから後追いで採用したとして、高いビジネス性があるわけではありません。単位質量あたりの輸送コストは、液体ロケットでは大型化することで低下していきます。エレクトロン・ロケットの低価格化の要素は、小型機だからこそ限界があります。そこが突破しなくてはいけない点です。液体酸素の取り扱いは、液体水素よりは、はるかに容易ですが、打上げ準備に余計な時間と経費がかかります。これを解決していくと、より低コストになるでしょう。アイデアはいろいろです。我が国においても、です。

衛星を用いた民間宇宙ビジネスについても鍵はいろいろあるのですが、それらについては、また別の機会にお話しすることにいたしましょう。

オリジナリティある宇宙開発で日本の存在感を発揮する

中国は積極的に宇宙開発に力を入れていますが、決して政策の中核に「宇宙開発」があるわけではありません（もっとも、国防と表裏一体なわけですが）。国威を高めるためにと言うと語弊があるかもしれませんが、「中国が世界のトップレベルにある」という証拠を国民に見えるようにすること。これが狙いのように思えます。もう一方には、覇権を争う空間が、サイバー空間と並んで、宇宙空間に達しているという側面もあるでしょう。まさに国民の視点を釘付けにする効果的な方法だといえます。

もちろん、スパイ衛星の破壊行為などは安全保障の秩序を脅かす存在ですし、月探査で資源に関する主権の主張が行われたりすれば、国際共同の理念を不安定化させることになりかねません。しかしながら、現在の月探査、火星探査での成果の発揮は、低軌道上での直接の安全保障や資源に関する主権主張というよりは、中国国民に向けた政策のアピールと矜持の訴えかけという面が強いと思われます。

我が国においても、国民が将来に明るい展望をもち、確かな自信をもつことは、必要なことでしょう。それは国際的にも一目置かれる存在になることへ展開していくと思われます。宇宙開発の成果が普及していくことで、産業・経済への弾みをつけることにつながるべきでしょう。それが、一方では安全保障面へのソフトパワーとなるはずです。

日本の宇宙開発が進むべき道は？

我が国の宇宙開発レベルは、まったく中国の足元にもおよびません。しかし、我が国も匹敵する規模の物量を投じて、正面から中国に伍して宇宙開発をすべきだ、ということではないでしょう。経済的な状況、社会事情などと総合しなくてはなりませんから。視点は規模ではなく、内容・質面で我が国が発信を行えるかどうかにあります。日本はもっと違う新しいものに目を向けていかなければならない、ということです。

張り合って大きいものを作り、ナンバーワンになるというのは一つの方法のように見えるかもしれませんが、実際にはさほど価値はありません。それは、コピー、トレースするだけだからです。日本は、もっと違う天体に目を向けるとか、新たな技術・宇宙開発の方向を開拓して切り出すなど、新たな展望の開ける活動をやるべきだと思います。

中国が追い抜いていったから、日本もこれをやらなきゃいけない、ということではないのです。中国は、トレースからすでに変異しつつあるかもしれません。競い合う必要はない。ナンバーワンではなく、オンリーワンを目指すべきです。マンパワーやコスト競争では、我が国はとてもかないません。そうした観点で、我が国の宇宙開発、宇宙探査の努力が継続されることを願っています。

日本が手がけるべき次の一手

日本は待ちの姿勢でいる場合ではないと思います。たとえば、生命探査(5-19)をもっと積極的に考えるべきです。生命探査は大規模なテーマですから、日本一国でできる範囲

(5-19) 生命探査
➡ 地球外生命探査（日本物理学会誌 Vol.72, No2, 2017）

を超えると思われます。であれば、国際共同で取り組み、そこでキーとなる役割を果たすよう、戦略的に取り組むのです。「はやぶさ」「はやぶさ2」で培ったことが活きるはずです。

生命探査で目指すのは遠方の大きな天体になりますから、プロジェクトも大掛かりなものになります。しかし、それだけの価値はあります。なにしろ生命・人類のルーツを探るのですから。日本が先進国だというのなら、そうした活動へ取り組むことこそが、人類に対して果たすべき大きな貢献だと思います。

一方で、宇宙資源(5-20)も大きな関心を集めているテーマです。宇宙資源はもっと産業から目を転じてもいい段階にあると思っています。

小惑星に行って戻ってくるという技術は「はやぶさ」「はやぶさ2」によって、すでに大きな成熟を見ています。サイエンティストは、資源など、まだまだ時期尚早で、もっと研究すべきだと言うかもしれません。しかし、宇宙開発においては、研ぎ究める対象など、まだまだキリがなく存在します。

ですから、そろそろビジネス的な活動の展開があってもよいのではないかと考えて

（5-20）宇宙資源
➡ 宇宙資源、所有権認める（jiji.com）

います。民間が投資して、世界に先駆けて、宇宙資源の利用を図るような会社を作ることなどです。臆することはないと思います。投資も無論、歓迎です。一緒に、そういう活動をしてくれる方がおられたら、と思います。

第6章
人類が宇宙で暮らす日

アメリカのアルテミス計画、ゲートウェイステーション

これからの有人探査は、ＩＳＳのような地球周回軌道よりも遠い領域で本格化すべきです。私も大いに期待しています。では、どこを目指すかとなると、それは月です。人類が到達できる天体は、今のところ月だけだからです。

ＮＡＳＡは有人による月面プロジェクト、アルテミス計画(6-1)を発表しています。計画では、２０２４年に有人月面着陸を目指し、そして２０２８年までに月面基地の建設を開始するとしています。「アポロ11号」による人類初の月面着陸が１９６９年７月20日ですから、それから半世紀をへて、再び月面を目指すということです。かつての冷戦時代とは違って、自国だけで経費を負担する道理はアメリカにはありません。そこで各国に共同参加を呼びかけており、日本政府もすでに公式に参加への意思表示を

(6-1) アルテミス計画
➡ ARTEMIS（NASA）

しています。

アルテミス計画では、アポロ計画とは違うことをやろうとしています。アポロ計画は、いわばオールインワンの計画でした。1回の打ち上げで宇宙船を往復させ、それですべてをまかなう方式です。最後は司令船だけが地球に帰ってくる、というやり方をとっていました。

しかし、どうして大気圏に再突入する宇宙船を、わざわざ月までもっていかなくてはならないのか。今となって振り返ってみれば、アポロでは非効率でリスクの大きい手法がとられていたわけです。しかもバックアップ手段がない。故障が起きた場合の退避場所なども、まったく考えられていませんでした。登山なら、登頂するためのベースキャンプがなかったわけです。登山隊がエベレストを下から上まで補給点なしで、全装備を背負って、登って、帰る。それがアポロ計画だったのです。

そこでアルテミス計画では、中継基地となるベースキャンプを作ろうとしています。どこに作るかというと、月を回るNRHO[6-2]（Near Rectilinear Halo Orbit）軌道上です。Rectilinearとは「直線状」という意味で、極端に細長い楕円状の軌道です。言葉上は「月を回る軌道」と言っていますが、厳密には「見かけ上、地球－月のラグ

（6-2）NRHO軌道
➡米国が構想する月近傍有人拠点（Gateway）について

ランジュ点を回るように見える軌道」です。これは月の重力だけに支配されて回っているわけではなく、難しい言い方をすると、地球の引力を含めてバランスしている軌道です。そこにゲートウェイ(6-3)という宇宙ステーションを作ります。ゲートウェイステーションは、今のISSの遠隔地版と考えていいでしょう。

いつも地球側を向いている場所

ここにステーションを設けるメリットは、地球の引力でバランスしていることからわかるように、いつも必ず地球側を向いている利点があるからです。そのため、通信が途絶えることが絶対にありません。宇宙船を月に着陸させるためのベースとして、補給ステーションを設けるのにもっとも手ごろな軌道というわけです。

ゲートウェイは有人ステーションです。クルーが滞在して、そこから着陸機が月面

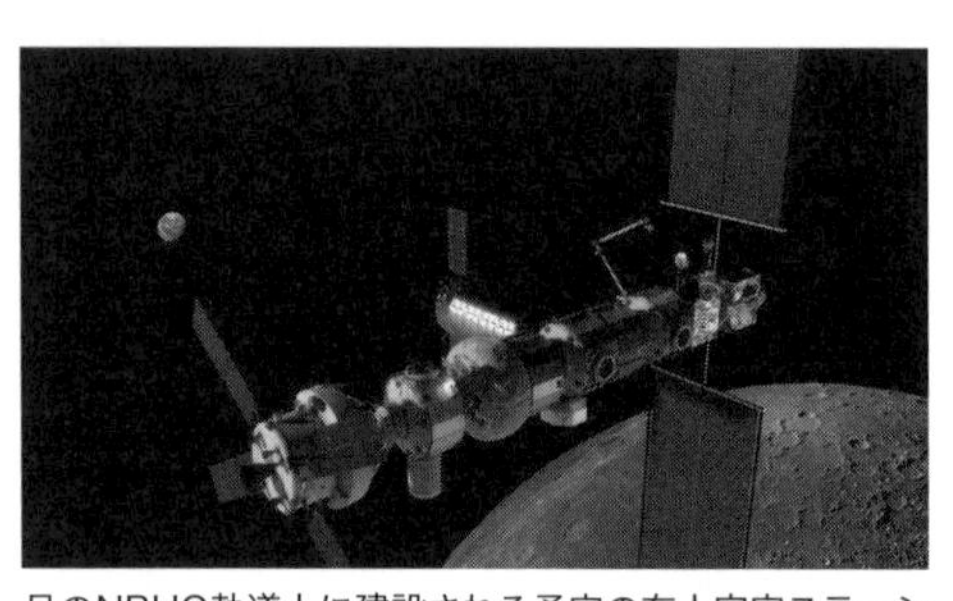

月のNRHO軌道上に建設される予定の有人宇宙ステーション、ゲートウェイの想像図。©NASA

(6-3) ゲートウェイ
➡GATEWAY(JAXA)

に降下し、また戻ってきます。日本もそこに参加してモジュールを作ります。日本は、居住モジュール建設と補給運用の二つの面で貢献する予定です。ベースキャンプに物資を補給する任務です。日本はすでに「きぼう」によるＩＳＳへの物資補給で実績を積んでいます。

もし、ゲートウェイに先進国の一員として、日本人の宇宙飛行士がいないとしたら、それは残念なことです。２０２０年、ＪＡＸＡは新たな宇宙飛行士の公募を開始しました。月面に降り立つ飛行士になれる可能性もあります。ぜひとも日本人の宇宙飛行士が月面に到達して、国際的に貢献してほしい。私も一人の国民として、そう願っています。

月面で人類はどのように暮らすのか？

昔の日本人は、月で兎が餅つきをしている……などと、のどかな想像していました。しかし、実際の月面は宇宙空間を吹きさらし状態で飛んでいるのと同じで、非常に過酷な環境です。有人活動にとっては“hostile”、要するに不適切な場所の代表みたいなものです。大気も磁場もありませんから、太陽風[6-4]、太陽面爆発[6-5]の直撃を受けてしまいます。

そこで、人類が月面で活動するためにまず作るべきは、地下シェルターでしょう。月面にいても、いつでも地下室に逃げ込める準備をした生活になるわけです。ペラペラの壁の宇宙船に乗っていることはできません。短期間の着陸なら、太陽面爆発の可能性は低いので、イチかバチかの冒険の滞在はありえます。しかし、一定期間滞在す

(6-4) 太陽風
➡ 太陽風（日本天文学会）

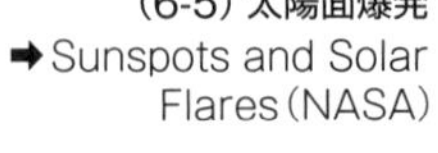

(6-5) 太陽面爆発
➡ Sunspots and Solar Flares（NASA）

るならシェルターの準備が必要です。

月面にあるレゴリス（砂）も有害です。これはアスベストみたいなものなのです。地球の上では火山が爆発して溶岩が飛び散っても、たくさんある大気と反応したり、風化が起きて、飛び散る砂の形は丸みを帯びます。一方、隕石が月面にぶつかって、そこで高温を発して石が溶けて飛び散ると、針状の結晶になって落下し、そのまま降り積もります。月面の砂は針状なので、これを吸い込むと危険です。発がん性もあります。

宇宙飛行士が宇宙服を着て船外活動をしたあと、基地に戻り、砂の落とし方が不十分だと、船内に砂がもち込まれてしまいます。これはとても危険です。月面での生活は、あまり快適ではないだろうということがわかりますね。

過酷な環境だが重力があるのはメリット

しかし、人間が活動するためには、月面に重力があることはプラスです。「中重力」とか「小重力」といいますが、地上の6分の1の重力があります。これくらいの小重力でも骨の代謝機能がはたらいて、骨量が維持されるのです。これは重要なことで、宇宙空間の無重量状態に置かれるよりは、健康上はずっと良いといえます。

また、重力があると、液体と気体、固体の分離がしやすくなるというメリットがあります。気体を液体から分離(6-6)しやすいということです。水は月面に落下します。この性質があるだけで、月面は飛躍的に有利なのです。

宇宙ステーションなどでの宇宙実験でいちばん苦労するのは、重力がないことです。地上では、あらゆるものが実は重力を利用してできているので、無重力の空間では何をするにも大変な工夫が必要になります。

たとえば発電所では、水蒸気を発生させてタービンを回し、もう一度放熱して水に戻します。水と蒸気が混じったものからもう一回水に戻すことは、地上では簡単です。ただお皿を下に置いておけば、水がしたたり落ちてきますから。しかし、宇宙空間ではそんな簡単なことができません。

ところが、月面には重力がありますから、地上の発電所を、おそらくそのまま建設することができます。一方、周回軌道上の無重量環境では、普通の発電所は作れません。

(6-6) 気液分離
➡IKAROSからソーラー電力セイル探査機へ(JAXA)

月面の夜は2週間続く

月面では夜の長さの問題もあります。ほぼずっと太陽の光があたっている極域なら生活できるかもしれませんが、日陰側では非常に長い夜を迎えることになります。夜が半月も続くのです。大気がないのでガンガンに冷えます。ですから、月の上で一夜を過ごすというのは実に大変なことで、ほとんど不可能です。

地球は大気があるので、温度はほぼ一定です。昼間側と夜側で温度差はあります。暑いところは摂氏30度以上あるし、寒いところはひょっとすると氷点下かもしれない。でも、それくらいの違いです。地球の環境は絶対温度では３００度くらいですから、昼と夜で、１割くらいしか違わないわけです。ところが月面ではこの差は想像を絶するほど大きく、月の赤道付近の観測では、昼は１１０度、夜はマイナス１７０度と、その差は２００度以上もあります。生命を維持するのは大変なことです。

アルテミス計画では、有人探査により月の南極を目指すことになっています。将来的には、相対的に日照率の高い極域に滞在基地を設けることが考えられています。

火星に人類は住めるのか？テラフォーミングについて

人類は月に行った。だから、次は火星だ、と考えるのは当然かもしれません。月面に建設する基地を、火星探査にも活用してはどうかというアイデアもあります。Moon to Mars構想(6-7)ですね。しかし、技術的な観点からいうと、月と火星では大きな差があります。月に行けたからといって火星が近くなったわけではないのです。地球に住む私たちにとって、月はもっとも手近な目的地です。だから、アポロ計画でも月を目指したわけです。ただ、惑星空間への中継基地を作るとすると、月は大きすぎるのです。重すぎるといいますか。

月は、太陽系の中でも非常に大きな衛星の一つです。水星に近いくらいの大きさがあります。大きいと何が問題かというと、重力が存在することです。宇宙船が月に着

(6-7) Moon to Mars構想
➡MOON to MARS（NASA）

陸をして、さらにもう1回飛び上がるには、大量の燃料、推進剤が必要になります。

したがって火星に行く途中で、月の中継基地に寄り道をするのが得なのかどうか、これは少々疑問です。月面に降りると基地があって、そこで燃料を補給して行けばいいではないかという意見には、確かに検討の余地はあります。月の天然資源を利用できるようになれば、その通りです。しかし、月は、物理的に距離は近いけれど、重力のために月面着陸と脱出にはものすごい燃料が必要になります。それなら、距離は遠くても、重力のない場所に補給基地があったほうがよいのではないかと思います。月面への着陸や離陸ではなく、月を周回する軌道への投入や離脱であっても、かなりの燃料消費になります。

いってみれば、近くにあるガソリンスタンドは、寄り道するぶん上載せでリッターあたりの値段が高くて、はるかかなたのガソリンスタンドは寄り道するぶんを上載せしないので安い。さて、どちらがお得か、ということです。

ラグランジュ点に中継基地を設ける

そこで私が提唱しているのは、太陽‐地球系でのラグランジュ点(6-8)（太陽、地球の重力と遠心力が釣り合う場所）に中継基地を建設することです。地球からもっとも近いラグランジュ点は、月までの距離の、だいたい4倍くらいのところにあります。これは、距離的に遠いといえば遠いかもしれません。しかし、太陽系のスケールで見れば、ほぼ地球と同じ1つの点の中なわけです。したがって、そこにガソリンスタンドを置く、給油点を設けるというのは、将来の宇宙開発においては重要なポイントだと思います。

それに、月は地球の周りを自転しているため、太陽や地球との位置関係を変えてしまいます。そのため、いつでも月面から出発できるというわけにはいきません。出発だけではなく、帰還するタイミングについても同じです。

一方、太陽‐地球系でのラグランジュ点ならば、そこは太陽や地球との位置関係は常に一定ですから、打ち上げ等のタイミングは、非常に安定的に変動することなく確

(6-8) ラグランジュ点
➡ What is a Lagrange Point?（NASA）

保されます。幾何学的関係が不変だからです。

　そうした面から、月面基地を利用して火星探査を行う方法は、必ずしも効率的な方策ではないと、私は考えています。人類の活動領域を広げるという観点では、確かに月面の活用が進むのは大変良いことです。けれど、もう少し遠くに向かうには別の考え方があってもいいのでは、と思います。

火星は月よりも住みやすい!?

　火星探査の話題のついでに、火星を地球化するテラフォーミング(6-9)について考えてみましょう。これはSF小説などさまざまなところで話題になるので、ご存知の方も多いと思います。惑星を地球化して移住するというアイデアは、カール・セーガン(6-10)が金星について構想したのがきっかけといわれます。

　火星のテラフォーミングには、太陽光を集めて、極域の氷、ドライアイスを溶かし、水蒸気や二酸化炭素を発生させて温暖化させるという考え方

(6-9) テラフォーミング
➡Mars Terraforming Not Possible Using Present-Day Technology (NASA)

(6-10) カール・セーガン
➡Carl E. Sagan, 1960 (THE UNIVERSITY OF CHICAGO)

があります。ＮＡＳＡの火星探査機「マーズ・リコネッサンス・オービター(6-11)」は、火星の極域でドライアイスの降雪があり、極冠ができていたことを確認しています。

また、藻類などを繁殖させ、その光合成によって酸素を作る方法なども考えられています。

火星の表面。地平上に薄い大気の層が見える。©NASA

こうしたテラフォーミング法では、酸素が大気中に残り続けることを前提としています。今の火星の温度でも、重いガスならば大気として残りえます。現在の火星の大気は、大部分が二酸化炭素です。炭酸ガスで、分子量は44という重さがあります。それより軽いガスは、ほとんど火星の大気中にとどまれないということです。窒素や酸素の分子量は30くらいですから、

(6-11) マーズ・リコネッサンス・オービター
➡Mars Reconnaissance Orbiter（NASA）

今の火星の温度だと、大気中には残れません。まして温暖化させたのでは、ますます残れません。温度が高くなると分子の運動速度が速くなって、重力で保持できなくなるからです。

よって、火星をテラフォーミングするには、炭酸ガスよりも重い分子量があって、人間が呼吸できるガスで大気の層を作る、ということになるのですが、そういうものはありませんね。

しかし、たとえば、火星の大気の上層に塵を分散させて日陰にし、太陽の光を遮蔽すれば、酸素を含む大気の層を作ることができるかもしれません。地球でも火山が大爆発すると、地球全体の気温が下がるといわれています。同じようにして火星の温度を下げれば、軽いガスでも大気に残りうることになります。ですから、火星に大きな火山活動を起こさせて温度を下げるのは、1つの方法かもしれません。

火星は小さいので、少々温度を低下させたところで残存できる酸素は希薄ですが、酸素は瞬間的に抜けていくわけではないので、火星の上で大量の酸素が作られ、抜けるよりも溜まるほうが早ければ、徐々に溜まってはいきます。

構想としては夢があっていいですが、酸素マスクなしで生活できるというふうには、なかなかならないでしょう。もっとも、建築物の中に入ると酸素がたくさんあって、屋内ではマスクなしで生活できるということは考えられます。海底での滞在を思えば、まだ過ごしやすいといえるかもしれません。火星の大気は薄いとはいいながらありますから、真空中につくるより、内圧を受ける建築物も楽な構造ですみます。大気があるので、昼夜の温度差は大きいけれど、月面ほどには極端なことはありません。火星を温暖化させる方法はあると思いますから、月面よりはずっと人間が住みやすいでしょう。

太古、火星には水があった 火星に生命は存在するのか？

火星の表面には、水による侵食に特徴的な地形、痕跡があります。かつて火星に水があったことは明らかです。アメリカの探査機が土を掘り起こしたとき、下に氷が見えていました。火星には、今も水が残っているということです。氷の下に湖があるのではとも推測されています。

火星には、かつては大気がありましたが、大量に剥ぎ取られてしまい、今では薄い大気しかありません。なぜ大気が失われたのかについては、まだはっきりとした答えは出ていません。太陽風と磁場の相互作用によるものともいわれています。火星は小さいために、磁場がありません。磁場がないということで、太陽風がその表面を吹きさらしにし、そのために大気が剥ぎ取られてしまった。そのように説明されています。

火星の大気には二酸化炭素が含まれています。それが、かつては温室効果(6-12)をもたらしていたのですが、その二酸化炭素も剥ぎ取られています。

さまざまな探査機の観測データによると、大気そのものが剥ぎ取られているというよりも、大気上層でイオンが吹き飛ばされる現象が報告されています。かつての火星には、表面を覆うほどの水がありました。しかし、水と二酸化炭素は大気上層でイオン化され、水は水素と水酸基に電離され、それが太陽風で吹き飛ばされてしまっているというのです。

火星の塩湖に生命がいる？

火星には、生物が存在するための要素がほとんどすべて存在していましたし、今もそういう意味では、地球とよく似ているといえます。もっとも、目に見える地球の環境とはかなり離れていますけれど。

火星の大気には、わずかながら酸素もあります。火星上の酸素がどうやってできたのか。これはわかりません。水があるから酸素ができたということはあると思います

(6-12) 温室効果
➡ 温室効果ガス観測技術衛星2号「いぶき2号」(JAXA)

が、植物による光合成はないので、非生命的なメカニズムからできたのでしょうか。

火星には、現時点で確たる証拠はありませんが、生命がいるだろうといわれています。氷の下には塩湖があるようですが、そこに生命がいるかもしれません。生命といっても、高等生物ではないと思います。しかし、バクテリアや細菌類なら生息していてもおかしくありません。

私たちの地球にも、信じられないところに生命体がいます。たとえば、石油を掘削するリグの先端の歯についた、掘った物質を見ると、そこに生命体が見つかったりします。圧力が高い環境では水は沸騰しませんから、生命がいてもおかしくはないのです。深海の熱水噴出孔でも生物が見つかっています。原子炉の中のような放射線の環境でも、生命がいたりするのです。

氷点下でも立派に生きている生命体はいます。水が凍る温度はあくまで溶質の濃度次第ですから、生命の維持には関係しません。水が凍る温度だから生命はいないだろうと思うのは、まったくの誤解です。あらゆる可能性を見ていくと、もうなんでもありの世界です。火星も表面は環境が厳しすぎますが、ずっと深いところなら生命が生息している可能性があります。

微生物は宇宙空間を生き延びられる

ＩＳＳで行われているＪＡＸＡと東京薬科大学の共同研究に、「たんぽぽ」実験(6-13)というのがあります。ＩＳＳ上でエアロゲルを宇宙空間に曝露させて、微粒子を捕集する実験や、地球の微生物を宇宙空間に曝露させて、その生存可能時間を調べる実験などが行われています。東京薬科大学の山岸明彦先生らが、その微生物曝露実験の結果について、「Frontiers in Microbiology」誌上でたいへん興味深い報告をしておられます。

これまでもヨーロッパなどの研究で、紫外線が岩石中で遮られれば、微生物が真空の宇宙空間でも長期間生存できることがわかっていました。しかし、今回の「たんぽぽ」実験によって、微生物の塊が紫外線下でも2〜8年、紫外線があたらなければ数十年生存できることが確認されたのです。これはつまり、火星と地球との間を移動する期間、微生物の塊が無重量空間で生存できるということです。他の星から飛んできた何かが地球の生命の素だったとする、パンスペルミア説(6-14)の可能性の一部が示された

(6-13)「たんぽぽ」実験
➡「たんぽぽ」地球帰還試料から探る化学進化とパンスペルミア仮説（JAXA）

といえるでしょう。

宇宙空間を漂っていた生命体の破片が地球に到達して、現在の生命へと進化した。これは、まったく不思議ではない仮説です。進化論に基づき、地球の上でオリジナルの生命が誕生したというのが、必ずしも唯一のストーリーではないのです。

(6-14) パンスペルミア説
➡生命はどこから来たのか（パンスヘルミア仮説）
（東京女子大学）

宇宙に生命を探すなら、有望なのはどこか？

宇宙の生命探査となると、なんといっても木星の衛星のエウロパ(6-15)や、土星の衛星のエンケラドゥス(6-16)が注目されます。どちらも氷衛星(6-17)です。

氷衛星に生命が生息するには、いくつか条件があります。やはり表面の氷の下には水がなくてはなりませんから、氷を溶かすためのエネルギー源が必要になります。生命体を養うためにも、なんらかのエネルギーが必要です。たとえばマグマだとか、熱水が地下から吹き出てくるような熱源が必要なのです。それには中心部の温度がある程度、高くなる必要があるので、天体はそれだけ大きくなくてはならないわけです（重力が大きくなる必要があります）。

太陽から地球と同じくらいの距離にある天体なら、同様に重力が大きければ、表面

(6-15) エウロパ
➡生命存在可能性の探求（JAXA）

(6-16) エンケラドゥス
➡Enceladus（NASA）

には液体の水があるかもしれません。太陽光でエネルギー源はよしとしても、生命が誕生するには、生命体を構成するための材料が存在しなくてはいけません。

一方、氷惑星の場合は、生命体を構成する材料が天体自身の中から噴き出してきます。水の中に有機物もあるわけです。

どこにいてもおかしくはない生命

太陽から地球と同じくらいの距離にある天体でも、酸素などが存在するには、酸素を含む大気をその周囲に保てるだけの重力がある、磁場を保持できる規模の天体であることが必須です。

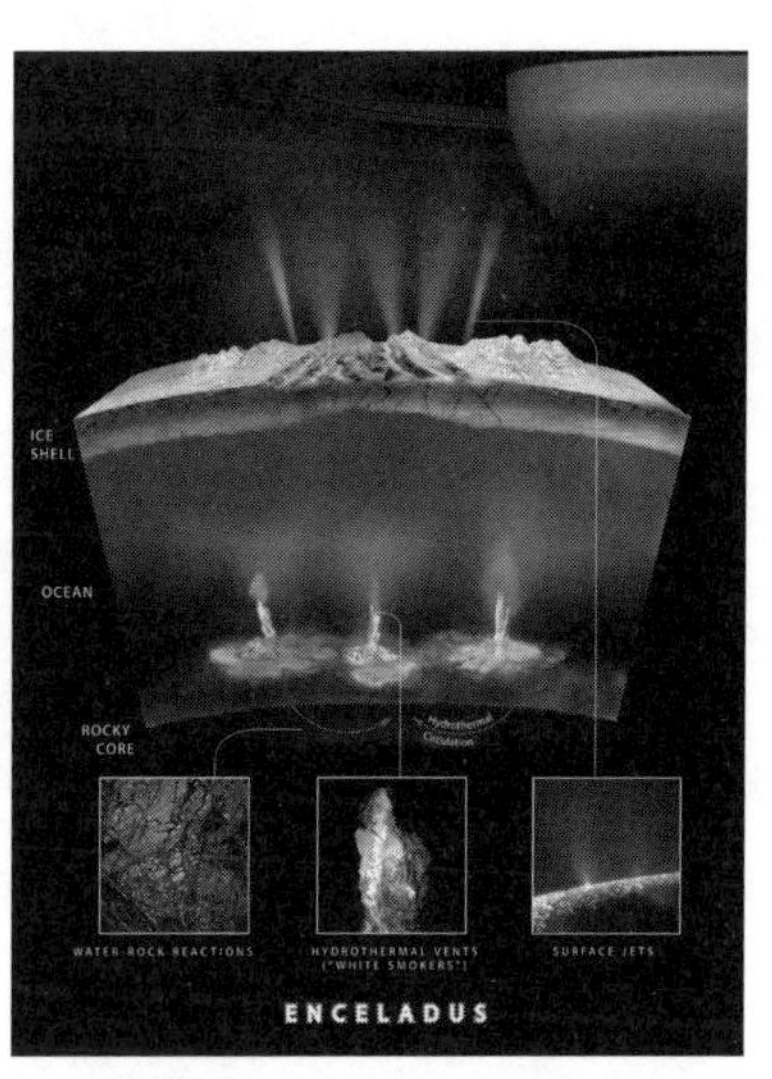

エンケラドゥス表面の厚い氷の下には海があると考えられている。表面の氷の裂け目から水が噴出しており、海底には熱水噴出孔があるのではないかとされる。そこに生命がいる可能性も指摘されている。
©NASA/JPL-Caltech/Southwest Research Institute

(6-17) 氷衛星
➡氷衛星（日本天文学会）

ただ、油田掘削のピットの先でも生命体が確認されたりしていますから、酸素が生命体に必須なのかというと、必ずしもそうではありません。逆に酸素があると生きていけない微生物もいます。

酸素や水がなくても、たとえば多くの生物にとっては毒の硫化水素(6-18)をエネルギーに変える細菌もいるので、硫化水素があれば生物は存在するかもしれない……など、いろいろな説があります。

ですから、地球近傍のどこかの惑星上でも生命体は見つかるかもしれません。金星も大気の上層はさほど熱くないので、空中を浮遊しているような生命体があってもおかしくないのではないか、という説もあります。言い出せばきりがありません。

地球外の天体上に生命体。非常に夢のある話です。ちなみに小惑星に関していえば、鉱物資源では有望ですが、生命の存在する可能性は薄いと思われます。

(6-18) 硫化水素
➡生命は400℃の海底温泉で生まれたのか?
(東北大学総合学術博物館)

人類の生活に必要な呼気と水は、月面でも作ることができる？

人類が生活するには呼気が必要です。ＩＳＳ内の呼気は、最初は地球から輸送してＩＳＳのタンクに貯蔵します。水を電気分解して作られる酸素も利用しています。もちろん、この水も地上から輸送します。そして、水も呼気も、どちらも再生して再利用しています。

つまり、電力さえあれば呼気は製造できて、再利用も可能になるということです。宇宙空間では、電気は太陽電池で作れますから、いってみれば、水さえあれば呼気は製造できるということになります。

実際に今現在、宇宙資源としてもっとも注目されているのは、実は月の水なのです。え？　水が？　と思われるかもしれませんが、月面での活動がこれから本格化すると見られているからです。これを資源の「その場利用」といいます。ISRU[6-19](In-Situ Resource Utilization)と称される技術分野です。

月の極域には、永久影[6-20]と呼ばれる、太陽光がまったくあたらない部分があります。その月の南極、北極にあたるクレーターの下に水の氷が豊富にあることが、数々の月探査機で確認されています。その氷から水は容易にとれます。その水を分解すれば、酸素も作れます。

それなら、月の氷を分解すれば月面に大気の層を作れるんじゃないか、人類が生活できるようになるのでは? と思われるかもしれませんが、話はそう簡単ではありません。大気が存在するためには大きな重力が必要です。大気は、天体の重力によって、その表面にとどめられているのです。

ある天体に大気が存在する条件は、大気を構成する分子と天体の温度、そして、その天体の重力で決まります。太陽から遠く離れた冷たいところでは、小さな天体でも大気があります。たとえば土星の周りを回るタイタン[6-21]という衛星がそうです。小さな、と書きましたが、タイタンはわりと大きく、水星ほどの大きさがあります。

(6-19) ISRU
➡In-Situ Resource Utilization (ISRU) (NASA)

(6-20) 永久影
➡日本の月探査機「かぐや」の初期成果(JAXA)

タイタンはとても厚い大気で覆われています。そのほとんどは低温の窒素とメタンです。メタンは重いです。そして、タイタンでは液体のメタンの雨が降ります。

地球の大気も、地球の重力に引っぱられて表面にとどまっています。そのため、地球の大気層に軽いガスは少ないのです。軽いガスは、同じ温度であっても運動が速いため、地球の重力を脱出して外に飛び出してしまいます。こうした理由で、地球の大気に水素はほとんどないのです。反対に重いガスは、小さい天体の上でもとどまります。

さて、月面はどうでしょうか。月は、太陽から地球と同じくらいの距離にあるので、熱いです。熱くて小さい天体ですから、大気はほとんど存在しません。厳密にいうと、月には「ラドン」の薄い大気があります。ただし、非常にわずかです。

太陽から1・5天文単位離れた火星には、大気があります。ただ、地球でいえば成層圏くらい（十数㎞から50㎞くらい）の薄さです。火星は重力が小さいので、大気圧は地球の1％にも満たないくらいです。

（6-21）タイタン
➡Titan（NASA）

驚くべき発見！月には「水」が豊富にある!?

太陽系全体で見ると、太陽から3～4天文単位（1天文単位＝約1億5000万㎞）から外側の領域は、完全に「氷」の世界です。外惑星（地球より太陽から遠い惑星）を回る衛星、たとえば木星の周り、土星の周りを回る衛星は、氷で覆われています。太陽系では、水は珍しいものでも何でもないのです。

ただ、太陽から地球くらいの距離にある天体では、水は貴重です。仮にその天体に重力がないとすると、水は全部吹き飛んでしまい、液体そのままでは存在できません。月面での人類の活動には、やはり水は必要です。極の氷を利用する以外にも、水を得る方法はあります。最近も、驚きの発表がありました。

月面にもっとも大量に存在している珪酸化合物、ほぼ二酸化ケイ素（SiO_2）、つまり、地球上でもごく普通に見られる石英質（ガラス質）の岩石、ないしは砕かれて砂になったレゴリス（砂）を利用して、酸素や水を作れるのです。ちなみに地球上でも二酸化ケイ素は豊富で、花こう岩などの火成岩も二酸化ケイ素の含有量で分類されます。

詳しく説明しましょう。月面を構成する元素の40％は酸素です。珪酸化合物を溶融させて電解させることで、直接に酸素を生成することができます。また、以下で述べるように、いったん水を得られれば、別な資源を獲得するのと同時に、水を電解して、または水素で繰り返し還元して酸素を得ることができます。

月面での水をめぐる新発見

月面上での水をめぐる近年の発見としては、4つの重要な報告があります。

2009年「エルクロス」というNASAの極域への衝突探査で、「水氷」の存在を確認しました。と同時に、含水物質起源と思われる多量の水酸基が舞い上がったことも確認されました。2012年には、アポロ計画で帰還された試料のレゴリスから水酸基が確認されました。岩石中ではなく、レゴリスのガラス粒子の中にです（水酸基、OH基は、水とは違います）。

そして、２０１９年、ＮＡＳＡの探査機「ＬＡＤＥＥ」が、月面に隕石が衝突した際に水が放出されていることを発見しました。どこからきた水なのでしょうか。続いて、２０２０年10月、ＮＡＳＡは、「微小隕石が衝突した際の衝撃で形成されたビーズ状のガラスに閉じ込められたり、レゴリスを構成する粒子の隙間に入り込んだりした状態で、大量の水が月面上に存在する」と発表しました。これはＳＯＦＩＡというＮＡＳＡの成層圏赤外線航空機天文台の観測結果で、学術雑誌の「ネイチャー・アストロノミー」にも掲載されました。なんと、１㎥あたり約３５０㎖容器１本分に相当する水があるというのですから、信じられない量です。

衝突する隕石からのわずかな水が蓄えられたり、太陽風起源の陽子と鉱物が反応して水酸基が生成され、それが起源となって水ができたのではないか、と報告されています。永久影では太古の氷が残っている可能性はある

月の表面に隕石が衝突し、水が噴出する想像図。©NASA

かもしれない、とは思っていました。しかし、高真空中の月面に広く水が存在するのですから、驚きです。

整理すると、現在、月面には、三つの形態で水ないし水を生成することにつながる資源があるとされています。一つ目は、チタン化合物が水素を吸蔵しているイルメナイト(6-22)という鉱物です。水素は、太陽風の陽子が獲得されたもので、加熱することで分離されて水素が得られます。二つ目は、水酸基を含む含水鉱物あるいはレゴリス中のガラス粒子です。そして三つ目が、水そのものの存在です。

一つ目の吸蔵された水素ですが、酸化物であるレゴリスを加熱して還元することができるので、水が得られるわけです。二つ目の含水鉱物は、衝突などを通じて地球に水をもたらした材料と目されていますから当然なのですが、レゴリス中のガラス粒子内に水酸基が貯蔵されていることが確認されて、再び注目されています。

かねてから注目されていたのは三つ目の存在で、その代表は極域の「水氷」でした。まさに水そのものだからです。しかし、最近の発表で明らかになった、広く大量に存在する水は何といっても驚きです。長年、月面上での水資源の利用がさまざまに検討

(6-22) イルメナイト
➡Oxygen Extraction from Lunar Samples (NASA)

されてきましたが、「え？　何？　そんなに水があるの？」と言いたくなる驚愕の発表でした。もちろん、水を取り出すには電力が必要ですが、今回の発見により、月面探査や、水素や酸素といった月面でのロケット燃料の製造に大きな前進がもたらされることでしょう。電力さえあれば、水も、またそこから酸素も作ることもできるのです。

こうした月面の探査活動を支えるために必要となるのは電力です。そこで、これからの月面探査で目指すのは、ほぼ四六時中太陽に照らされている極域となります。極以外だと、月の夜は半月続きます。そこで極域に、人間が滞在する基地とともに太陽電池の発電所を設ければ、ほぼ常時、発電が供給できることになります。

月面には、鉱物資源はさほど豊富ではありません。月面の有効な利用のしかたは資源の利用ではなく、おそらくは科学観測になるのではないでしょうか。月の裏側は、地球の光や電波の干渉を受けないので、天文台を作るのに適しています。地上の通信環境に左右されないので、電波天文学に飛躍的な成果が期待されます。

第7章

軽いプレッシャーと自信が日本を変える

アベノマスク程度でしかない我が国の宇宙探査

全国各地で講演をしていますので、講演後に来場者の方々と意見交換をさせていただくことがあります。「あんなビッグプロジェクトをされて……」とよくお声をかけていただき、ありがたいことなのですが、続いて「どのくらいの経費がかかったのですか？」と問われると、答えるのに躊躇(ちゅうちょ)することがあります。

読者の方々は、「はやぶさ」「はやぶさ2」に、どのくらいの経費が投じられているか、ご存知でしょうか。「はやぶさ2」のプロジェクトは、打ち上げのロケットを入れて380億円ないし400億円です。「はやぶさ」はM‐Vロケットで打ち上げたこともあって、さらに廉価です。

こうお答えすると、経済界の方々は決まって「え？」という顔をされます。「たったそれだけですか」と。アベノマスクの経費、400億円でした。宇宙開発に、もっと出していただいてもよいのではないでしょうか。

もちろん、私を含め、庶民にとっては実感の湧かない巨額には違いありません。しかし、宇宙開発のみならず、科学技術、教育に対しても、我が国の投資は極めて低いので、ここでそんなお話も書いておきたいと思うのです。

日本の科学技術や教育にかける予算比率は、先進国では最低だと思います（次ページ参照）。コロナ禍で判明した、我が国の教育環境の低さは歴然としています。IT導入の遅れ。どの国でも完備されている環境が、我が国では実にとぼしいことが明らかになりました。貧しくとも、寺子屋で読み書きソロバンを教えることこそが教育だと、勘違いしているのではないでしょうか。

宇宙開発は言うにおよびません。JAXAの予算は、NASAの15分の1でしかありません。お怒りにならないでいただきたいのですが、全国の納豆業界の市場規模より小さいのです（私は、納豆は大好きです。ちなみに）。アメリカは、NASAと同じくらいの宇宙予算を国防省でも投じているので、日本の数十倍の政府投資が行われているわけです。もちろん、GDPの差もありますが、それでもこれはかなりの差で

国内総生産（GPD）に占める、教育機関（小学校から大学まで）への公的支出の割合を示したもの。主なOECD加盟国の中では日本が最低である。経済協力開発機構（OECD）発表のEducation at a Glance（2018）」より作成。

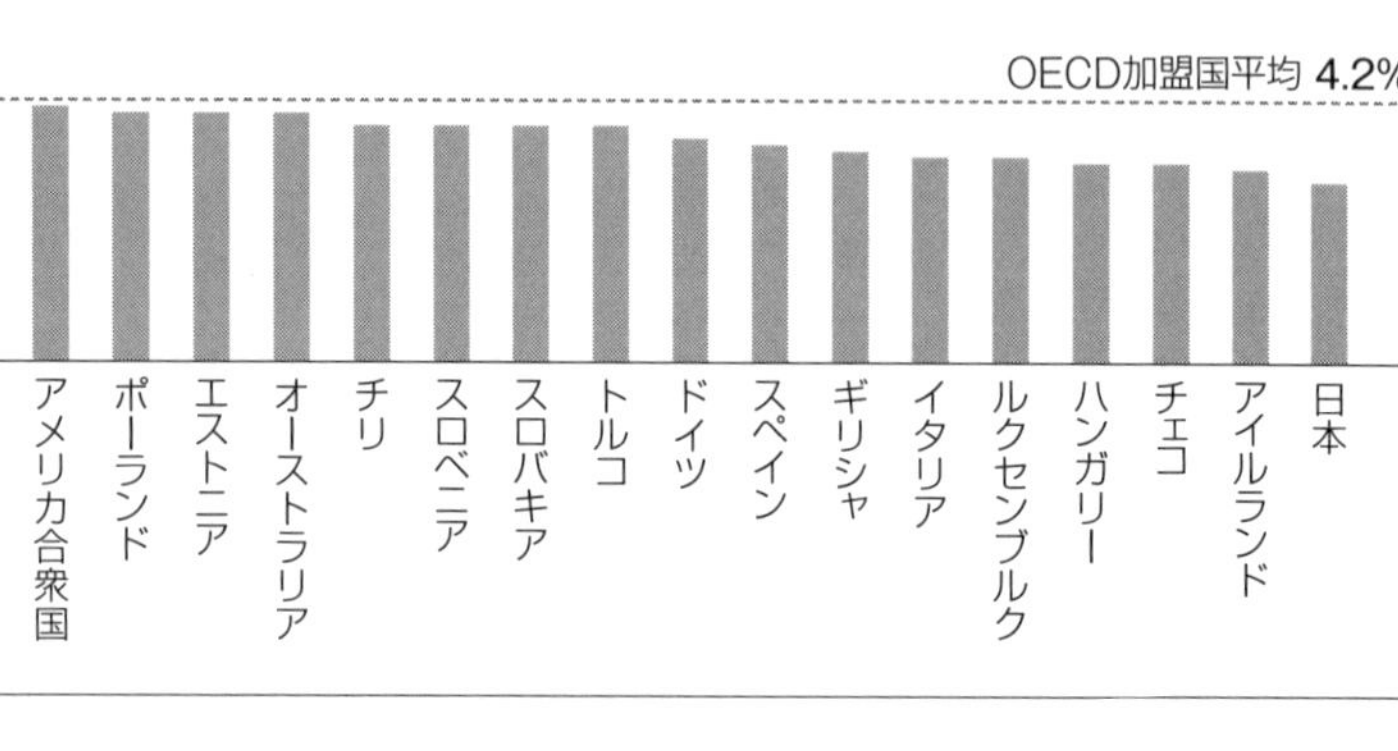

す。JAXA予算は、NASAの1科学局予算にもおよばないのです。欧州宇宙機関も、JAXAの数倍の規模があります。

これでは、世界に伍していくような活動を展開することは、とても考えられないわけです。

では、どうしたら世界に比肩するような、イノベーティブな宇宙開発を行えるのか？

私は「はやぶさ」「はやぶさ2」のような、「実証機＋本番機」の組み合わせで行うことがソルーションだと思います（実際に「はやぶさ2」を立ち上げるとき、そう主張しました）。これで何とか伍してやっていけると言っているわけではありません。苦肉の策の、背水の方策を探っているというか、

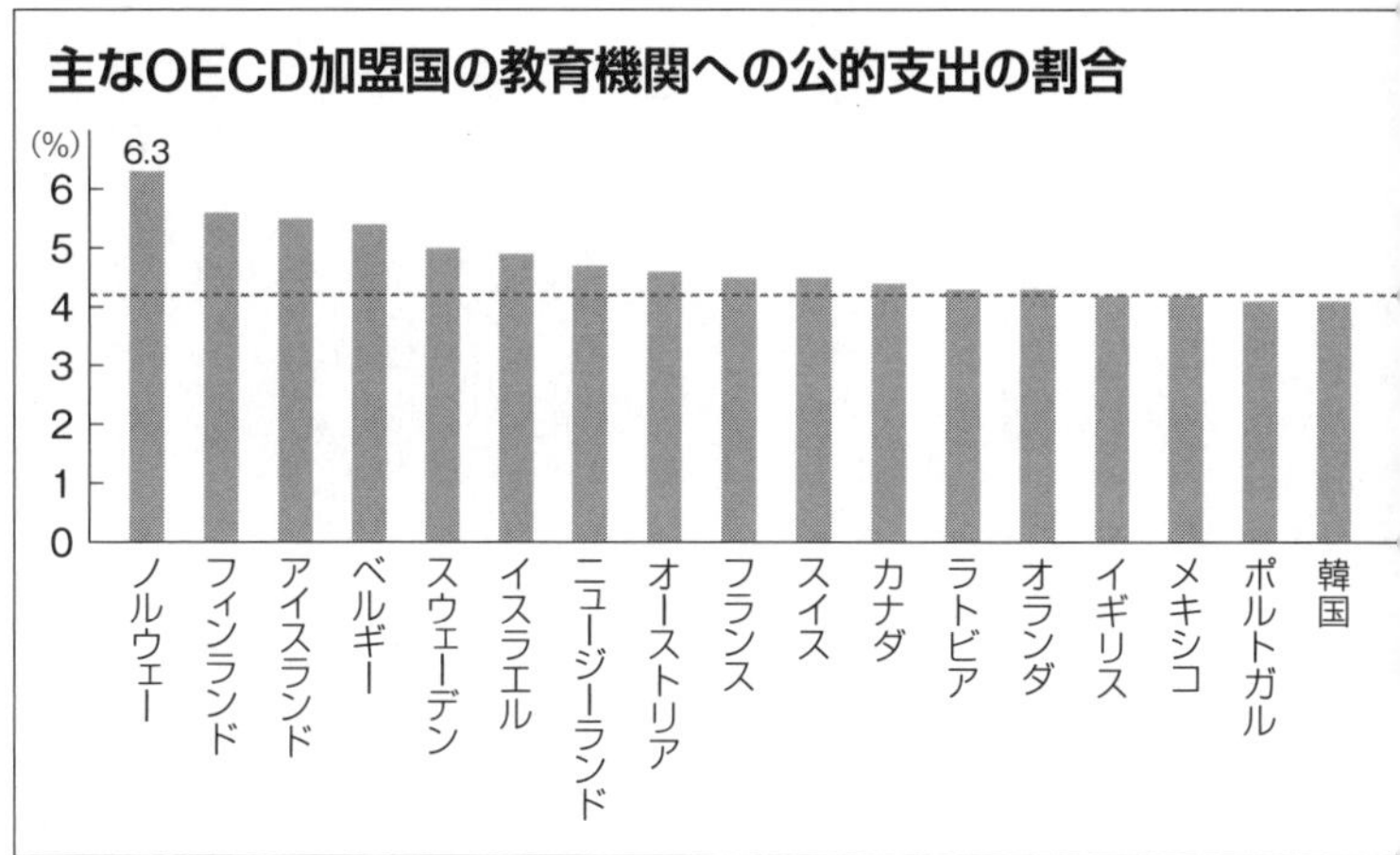

日本、アメリカ、欧州の宇宙開発にかける予算（2020年）

日本の年間の宇宙開発費は、アメリカの1/15程度、欧州と比べても1/6程度である。

末期的な状況にあることはお話ししなくてはなりません。

経費をかけられないので、1機だけ作って、いきなり世界に伍する成果を出せ、というのは無理な相談です。しかし、人間、2回目で作るものは、相当にレベルが向上するものです。桁違いに完成度は高くなります。それは「はやぶさ2」を見ればわかりますよね。「実証機+本番機」の組み合わせでやっていけば、NASAの15分の1の計画規模の2回分で、つまり7分の1の経費で、巨大なNASAに対抗する実績を上げられるわけです。「はやぶさ2」の成果の一つは、この方式の有効性を発揮できたことでした。

「はやぶさ2」という名前にはしたくなかった

技術実証衛星の投入は、日本の宇宙開発の一つの典型かもしれません。その昔、宇宙科学研究所が新しい型のロケットを登場させたときは、「たんせいX号」(7-1)という技術実証衛星(工学実験衛星)を試験ペイロードとして搭載して打ち上げていました。M-3SII型ロケットが登場してからは、同実験衛星シリーズは、新たにMUSES(ミューゼス)

(7-1) たんせい
➡宇宙開発利用 技術実証衛星(文部科学省)

(Mu-Space Engineering Satellite) として打ち上げられるようになりました。「ひてん」(7-2) は「MUSES-A」、「はるか」(7-3) は「MUSES-B」、そして「はやぶさ」は「MUSES-C」でした。

実験衛星、技術実証探査機を投入することは、大変賢い方法です。予算も安くてすみます。

私は、実は今回のプロジェクトの名前として、「はやぶさ2」とはつけるな、と主張していました。なぜなら初代「はやぶさ」は技術実証機です。本番機は、第1号機としてのネーミングであるべきです。しかしながら、結局、「はやぶさ2」になりました。その点に心残りはあります。

(7-2) ひてん
➡工学実験衛星「ひてん」(JAXA)

(7-3) はるか
➡電波天文観測衛星「はるか」(JAXA)

事業仕分けで翻弄された「はやぶさ2」プロジェクト

　ここで、「はやぶさ」2代の開発にまつわる話で、技術面ではない苦心なども、今後の宇宙開発を考えるうえで話しておきたいと思います。

「はやぶさ」の帰還が間近になった2009年9月、民主党政権(7-4)が誕生しました。「はやぶさ」はイオンエンジンの寿命が尽きかけていて、まさにへとへとな状態でしたし、「はやぶさ」の後継プロジェクトもメドが立たない状態で、政権の変化を見ている余裕はまったくありませんでした。しかし、おかげさまで、寿命を迎えたイオンエンジンは復活できて、2010年6月に地球に帰還したわけです。

　非常に多くの努力にもかかわらず、「はやぶさ」の帰還が実現するまでは、「はやぶさ」後継機に対して、とてもネガティブな反応しか得られていませんでした。

(7-4) 民主党政権
➡民主政権（朝日新聞DIGITAL）

　ところが帰還後、状況は転換し、東日本大震災という痛ましい社会情勢の中、2011年5月にはJAXA内でプロジェクト化にGOサインが出て、2012年1月の宇宙開発委員会で正式に政策決定されました。この時期、JAXAの所管組織が文科省の宇宙開発委員会(7-5)から、内閣府の宇宙政策委員会(7-6)へと改編されつつあり、前身の専門調査会(7-7)が設置され、事業の見直しを行っていました。専門調査会は、「はやぶさ」後継機にはまったく消極的でした。宇宙開発委員会が決定した最後のプロジェクトが「はやぶさ2」だったからでしょうか。「はやぶさ2」は、JAXAが文科省所管だったからこそ計画が実現したのかもしれません。

　当時、民主党の幹部でおられた議員のみなさまにも、「はやぶさ」後継機への理解と支援を求めて、幾人にも面談をさせていただきました。当然ながら震災復興が盛んに議論されている時期で、また政権が民主党であったこともあって、事業仕分け(7-8)が加速していました。

　2012年に決定された「はやぶさ2」プロジェクトは事業仕分けにかけられ、私は、事業仕分けが行われていた池袋サンシャインシティ文化会

(7-5) 宇宙開発委員会
➡ 宇宙開発委員会について（宇宙開発委員会 事務局）

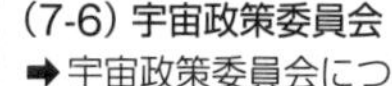

(7-6) 宇宙政策委員会
➡ 宇宙政策委員会について（内閣府）

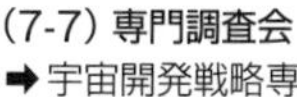

(7-7) 専門調査会
➡ 宇宙開発戦略専門調査会（内閣府）

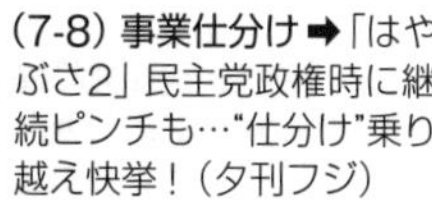

(7-8) 事業仕分け ➡「はやぶさ2」民主党政権時に継続ピンチも…“仕分け”乗り越え快挙！（夕刊フジ）

館に呼ばれました。会場には、民主党議員の方々の他、財務省の主計局長も、プラカードをもって出席していました。プラカードには、早々と、準備よく、「はやぶさ2」の経費額380億円の数字が書かれていて、最初から糾弾ベースでした。結果は、みなさんご存知でしょうか。予算執行が凍結されたのです。ようやく立ち上がった「はやぶさ2」は、2014年の打ち上げをみながらも、このタイミングで待ったがかかったわけです。

2012年12月、再び政権交代があり、自民党政権(7-9)が復活しました。「はやぶさ2」予算執行の凍結が解除され、プロジェクトは息を吹き返したわけです。その後、わずか2年間で、突貫で打ち上げにこぎつけることができました。もちろん、設計が基本的に「はやぶさ」と同じ姉妹機だからではありましたが。

ここでぜひ、述べさせていただきたいことは、現在の「はやぶさ2」があるのは、この間、計画が凍結されていたにもかかわらず、将来の実現を信じて設計・開発を継続してくださった企業のみなさまをはじめ、応援してくださった多くの方々のご声援のおかげです。本当にありがたいと思います。

(7-9) 自民党政権
➡ 自民政権奪回(朝日新聞DIGITAL)

宇宙研の研究者の苦悩から生まれた「はやぶさ」プロジェクト

最後に「はやぶさ」そして「はやぶさ2」のプロジェクトが始まるまでの背景をご紹介したいと思います。それは1970～80年代に遡ります。

当時、私たちは悩んでいました。アメリカが「アポロ」(7-10)の月面着陸に成功したのは、1969年7月のことでした。しかし、日本最初の人工衛星「おおすみ」(7-11)が打ち上げられたのは1970年の2月でした。人類が月面に足を降ろしたのち半年をへて、日本最初の人工衛星が打ち上がったわけです。

「アポロ」を打ち上げたサターンV型ロケット(7-12)は、高さが100mを超え、重さは3000tという巨大なものでした。一方、日本最初の人工衛星「おおすみ」を打ち上げたラムダロケットは電信柱のような高さで、衛星「おおすみ」もロケット部分を除

(7-11) おおすみ
➡人工衛星「おおすみ」(JAXA)

(7-10) アポロ
➡Apollo (NASA, 英文)

くと、わずか10kgに満たないものでした。同じ宇宙開発とはいえ、そこには雲泥の差がありました。

１９７０年代、私の過ごした宇宙科学研究所は、1年に一度、小さな人工衛星を打ち上げていました。そのたびにお祭り騒ぎをしたものです。NASAはといえば、アポロ計画を推進し、木星、土星に探査機を送り、「スカイラブ」(7-13)という宇宙ステーションを作り、そして１９８１年に登場する「スペースシャトル」(7-14)へと、別次元の宇宙開発を進めていました。すでに70年代の後半には、そのスペースシャトルの足音が聞こえてきていました。

変人たちの集団だった宇宙科学研究所

私が所属していた宇宙科学研究所は小さな研究所ですが、そこには自信にみなぎった、不思議な変人たちの集団がありました。その中に放り込まれた私は、大きな驚きをもってその方々を見ていました。彼らの自信はどこからくるのか。それこそが最大の疑問であり、そして、それこそが「は

(7-12) サターンV
➡50 years ago: The First Flight of the Saturn V (NASA, 英文)

(7-13) スカイラブ
➡Skylab (NASA, 英文)

(7-14) スペースシャトル
➡Space Shuttle (NASA, 英文)

やぶさ」につながった出発点でもありました。

私たちの悩みは、我々は何をすべきなのか？　でした。何度も自問しました。米ソのあとを追い、やがては月、金星へと探査機を打ち上げていけばよいのだろうか？　それは超大国がすでにやっていることです。それゆえ、それを進めることに誰しも疑問をもちません。前例のある、リスクが小さい、そして批判も浴びない政策だったかもしれません。

しかし、それなら我々が取り組むべきことは、アメリカや旧ソビエトの拓いた道をトレースして歩くことなのだろうか？　私たちのアイデンティティはいったい何なのか？　これが私たちを悩ませていた、いちばん大きな問いでした。スペースシャトルが打ち上がると、世界中から使い捨てロケットは消えてしまうともいわれていました。今では想像もできないかもしれませんが、我が国の宇宙開発には先が見えなかったのです。

折しも1986年、ハレー彗星(7-15)が地球、太陽に接近しました。ハレー彗星は76年周期で太陽の周りを回ります。従って宇宙開発が始まって、はじめての、予定されていた最大の宇宙イベントがやってきたわけです。そのハレー彗星に向けて、私たちの小

(7-15) ハレー彗星
➡ハレー彗星探査の概要
(宇宙科学研究所報告、JAXA)

さな研究所は国際共同(7-16)(International Halley Watch, IHW)を行いました。旧ソビエトそしてヨーロッパとともに探査機を打ち上げ、探査機を艦隊に仕立てて、ハレー彗星を探査したのです。この小さな研究所の先輩方、変人たちは、その国際共同に向けて新しいロケットを開発し、新しい地上局を建設したのです。そしてこれをやり遂げた。私も一門でしたが、松尾弘毅先生を中心に達成したプロジェクトでした。

どうして、小さな人工衛星を打ち上げていただけの研究所が、そんな大きな挑戦をすることができて、成し遂げられたのか。私は先輩方々から大きな影響を受けました。自信をもてるのは、自信過剰ではなく、こうやったからこうなるはずだ、という簡単な論理の結論なのです。その代わり、わからないことはわからないこと。何をすれば、わかるようになるか。やれる理由を探すアプローチを学んだと思うわけです。

環境こそが伝統を伝える

「はやぶさ2」が第1回目の着陸に成功したあと、みんな歓喜に沸いて集合写真を撮りました。そのとき、伝統を感じました。「伝統の力」とはいったい何でしょうか。

(7-16) 国際共同 (IHW)
➡International Halley Watch
(NASA, 英文)

私は、「環境が育む軽いプレッシャーと、そして自信ではないか」、そう思います。

「はやぶさ」とはメンバーが交代していますから、同じ人が行っているわけではない。しかし、「伝統の力」となって、世代を超えて継承されている。「はやぶさ2」のメンバーは、こう思っているかもしれません。

『はやぶさ』プロジェクトの人たちにだってできたではないか。私たちにもできるに違いない。そしてできなくてはいけない」。そういうプレッシャーと自信が植え付けられているのです。人材育成のゴール、それ

「はやぶさ2」の第一回目の着陸成功を祝って集合写真。私も中央のやや上にいます。みんないい笑顔ですね。

は伝統を作ること。すなわち、「軽いプレッシャーと自信を感じずにはいられない環境を作って残すこと」ではないかと思います。

無から有を産ませたこと

「はやぶさ2」はとても順調にいきました。まさにフリーズドライのような不思議なサンプルが確認されています。試料分析の貢献も大きなものになるでしょう。「はやぶさ2」の試料からどのようなことがわかるか、楽しみにしています。これこそ探査の醍醐味です。

では、「はやぶさ」の貢献はどんなことだったのですか？　と聞かれることがあります。「はやぶさ2」は、「はやぶさ」の2倍、3倍の成果をあげているではないですか、と。その通りです。でも、「はやぶさ2」で繰り出した手段は、みな「はやぶさ」で創ったものなのです。「はやぶさ」が行ったこと。それは、「0」から「1」を作ったことです。これを大きな誇りと思っています。

プロジェクトにレシピがあったわけではありません。やり方はどこにも書いてありませんでした。マニュアルがあったわけでもないのです。「はやぶさ」は無から有を作ったのです。その経験を、その心を、次の世代に伝えていかなくてはいけません。ただ、ここが難しいところです。「伝える」けれど、「学ばせて」はいけません。伝授することでは伝わらないし、また伝授したのでは、結局は、身につかないままに終わらせてしまう。「無から有を産ませる」。そういう体験を作れたらと思うわけです。

「はやぶさ2」は、「はやぶさ」を継承して始まりました。「軽いプレッシャーと自信」、「あの人たちにできたのだから、自分たちだって」と思わずにはいられない環境を作り、その環境を次世代へ残していかなくてはなりません。そして、無から有を創る、着想を実現する力を獲得してほしい。そう考えずにはいられません。

伝統になってこそ、力です。宇宙科学だけではありません。それが、日本を変えていく力になるのだと思っています。

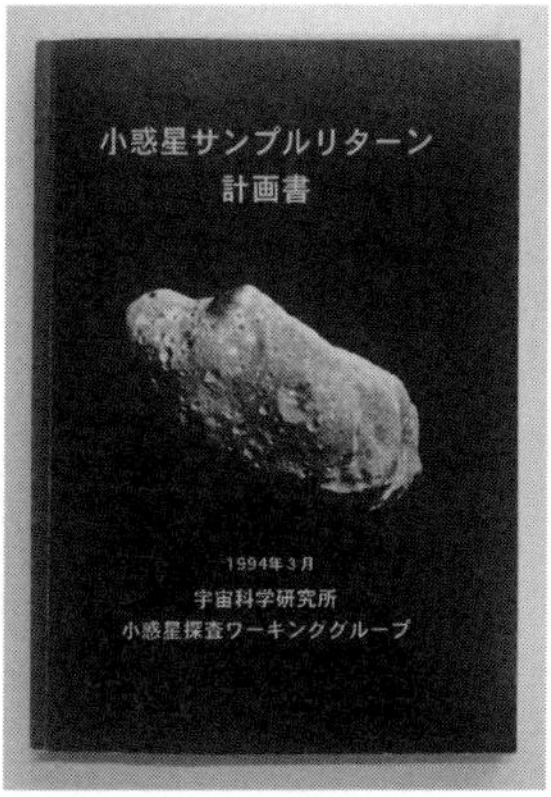

「はやぶさ」がまだプロジェクトではなく、ワーキンググループだった1994年の3月に作った報告書の表紙。ここから始まったのです。

【著者プロフィール】

川口淳一郎（かわぐち・じゅんいちろう）

国立研究開発法人宇宙航空研究開発機構シニアフェロー、宇宙科学研究所宇宙飛翔工学研究系特任教授。1955年青森県生まれ。1978年京都大学工学部機械工学科卒業。1983年東京大学大学院工学系研究科航空学専攻博士課程修了。工学博士。同年旧文部省宇宙科学研究所システム研究系助手に着任、2000年教授に就任。「さきがけ」「すいせい」「ひてん」「のぞみ」などの科学衛星ミッションに携わる。初代「はやぶさ」のプランを作り上げ、プロジェクトマネージャを務める。2010年6月、世界で初めて小惑星からサンプル（試料）を持ち帰ることに成功。大きな感動をもたらした。「イカロス」「はやぶさ2」を立上げ、「はやぶさ２」ではアドバイザーを務めている。著書に『こども実験教室 宇宙を飛ぶスゴイ技術！』（ビジネス社）、『「はやぶさ」式思考法 日本を復活させる24の提言』（新潮文庫）などがある。

「はやぶさ2」が拓く 人類が宇宙資源を活用する日

2021年２月１日　第１刷発行

著　者　川口淳一郎
発行者　唐津　隆
発行所　株式会社ビジネス社
〒162－0805　東京都新宿区矢来町114番地
神楽坂高橋ビル5F
電話　03－5227－1602　FAX 03－5227－1603
URL　http://www.business-sha.co.jp/

〈カバーデザイン〉谷元将泰
〈本文イラスト〉小沢陽子
〈本文DTP〉関根康弘（T-Borne）
〈印刷・製本〉モリモト印刷株式会社
〈編集担当〉山浦秀紀〈営業担当〉山口健志

ISBN978-4-8284-2250-3